U0390853

低碳思想

七伦道：人类低碳生存之道

李克欣 著

河南大学出版社

郑州

图书在版编目（CIP）数据

低碳思想——七伦道：人类低碳生存之道/李克欣 著.
—郑州：河南大学出版社，2015.2
ISBN 978-7-5649-1840-8

Ⅰ.①低…　Ⅱ.①李…　Ⅲ.①节能—基本知识　Ⅳ.①TK01

中国版本图书馆 CIP 数据核字（2014）第 310799 号

责任编辑　张　珊
责任校对　邵　昊
封面设计　中国留学生博物馆

出　版　河南大学出版社
　　　　地址：郑州市郑东新区商务外环中华大厦 2401 号　邮编：450046
　　　　电话：0371-86059701（营销部）　网址：www.hupress.com
排　版　中国留学生博物馆
印　刷　开封智圣印务有限公司
版　次　2015 年 2 月第 1 版　　　　印　次　2015 年 2 月第 1 次印刷
开　本　889mm×1194mm　1/32　　　印　张　6.25
字　数　94 千字　　　　　　　　　　定　价　22.00 元

目　录

两千五百多年以前，东方的圣人孔子说过，"五十而知天命"。

天：环境；命：包括人类在内的一切生命。天命：多指不能为人类自身力量所支配的事情。

就是说，了解环境的内涵，明白生命的本质，懂得人类不能用力量支配环境的道理，人类至少需要五十年的不断学习和实践。

在"七十古来稀"的时代，五十岁，是一个很长的人类生存过程。

今天，人类人口数量剧增，环境污染日益严重。人类如何适应时代，如何与环境相处，如何生存？

人类更加需要学习、实践和思想。

人类为了"活着"而活着。

为了活着，人类进行"衣、食、住、行、乐、康、寿"的生存活动。

人类的这些生存活动，与环境是一个互动的过程。环境是人类生存的物质基础，人类与环境密不可分。

作为生物链上的一个动物节点，人类的生存活动，可以维持环境的互为代谢和系统稳定。同时，作为有思想的高级动物，人类的生存活动，又有可能直接破坏环境。

人类生存，应该保护环境安全。

然而，当今环境不安全。大气、水、土壤等支撑人类生存的基本物质遭到污染和破坏，生物多样性减少，气候变化无常，等等，严重影响着人类的生存。

环境不安全的主要原因，是人类的人口数量增加过快，也是人类无度消耗环境资源、大量使用高碳能源、无序排放废弃物所致。

人类只有计划生育，适当控制人口数量，减少资源使用，提高能源利用效率，低碳生存，才能保护环境安全，维持人类生存。

低碳生存，是人类生存的唯一途径。

低碳生存，是指人类在衣、食、住、行、乐、康、寿的生存活动中，注重环境调和、环境利用和环境保护，减少资源消耗，智慧利用能源，实现健康生活、快乐人生。

人类如何低碳生存？

思想决定行动。人类的行动由思想决定，有怎样的思想，就会有怎样的行动。

低碳生存，需要低碳思想。

低碳思想包括人类低碳生存的环境理念、技术路线和行动方案，是一套完整的低碳理论体系。

低碳思想源于人类传统文化与现代环境理论的结合，是指导人类生存活动的指南。

东方的古人前贤，把人与人的关系称为"五伦"：君臣、父子、兄弟、夫妇、友朋。并规范其行为准则：忠、孝、悌、忍、善。

现代，有学者把人与社会的关系称为"六伦"，并试图提出人人与社会之间的行为规范。

参考此概念，笔者把人类与环境的关系称为"七伦"。主要是指人类的衣、食、住、行、乐、康、寿等七项生存活动与环境的相互关系。

同时，把人类与环境友好相处、和谐生存的低碳思想和基本规范，称为"七伦道"。

七伦道是人类低碳生存之道。

七伦道认为，地球只有一个，地球环境安全决定人类生存。人类应该秉持"天人合和"的环境理念，低碳生存，保护环境安全。

天：环境。人：人类。合：天人合一。和：和而不同。

人类与环境的关系应该是"天人合一，和而不同"。

天人合一。人类是环境的一部分，人类生存离不开环境，融入其中，合一共存。

和而不同。人类与其他环境因子不能完全等同。人类为了活着，适当"环境利用"，天经地义。

七伦道认为，人类遵循"环境调和、环境利用、环境保护"的技术路线，优化"分布式网络化"技术手段，有利于低碳生存。

自古以来，人类的技术发展，遵循一个"分散式—集中式—分布式网络化"的渐变过程。

早期，人类技术能力不强，特别是受交通技术和通讯技术所限，人类的居住形态和技术手段只能以分散式为主。

分散地局部集中居住，形成村落，自产自销，小国寡民。使用的技术也是单一分散，各自独立运行，少有系统概念，没有整体安全保证。

后来，人类开始运用科学技术。工业文明，需要人类集中居住，需要加快信息交流，需要提高资源利用效率。

于是，人类向城市高度集中。大规模的能源系统，以及高度集中的城市基础设施随之而来，同时，城市的系统抗风险能力日益下降。

如今，高度发达的通信技术和交通技术，支撑人类走向大分散、小集中的分布式网络化时代。人类的居住形态，以及支撑人类生存的基础系统和技术手段，正在趋向分布式网络化的布局设计。

分布式网络化的核心是大分散、小集中、网络一体。分布式网络化是人类低碳生存技术的发展方向。

"单元城市"是分布式网络化技术在"环境调和"领域的应用实践。

单元城市，以低碳生存为宗旨，以环境调和为手段，从城市布局、生态流、交通流、信息流、物流、水流、气流、碳流等多个领域，优化城市设计，保证城市环境安全。

"智能城网"是分布式网络化技术在"环境利用"领域的应用实践。

智能城网，融合低碳技术和信息技术，有机结合微电网、微热网和物联网，智慧管理区域的产能和用能，实现能源利用的智慧化和城市运行的智慧化。

"垃圾自理"是分布式网络化技术在"环境保护"领域的应用实践。

　　垃圾自理，源头控制，是把垃圾控制在发生之前或发生之初。对于已经产生的垃圾，就地处理，再生利用。对于遭到破坏的环境，采用中医思维，整体修复。

　　七伦道认为，低碳生存应该从我做起，减少奢侈物欲，常怀"根雕心态"。感恩、知足、奉献，心理健康、快乐人生，慎独修身，有利于低碳生存。

　　人类的群居性决定人类需要高效政府。人类的群居，形成了大大小小的国家和地区。建立高效政府，制定低碳生存的行为规范。建设"无我社会"，有利于保护环境安全。

　　高效政府有能力维持国家稳定，公平财富；有能力制定相关政策，助推低碳生存。

　　人类的同一性要求低碳生存应该国际合作。环境安全是全人类的事情。只有全人类共同践行低碳生存，才有可能实现环境安全。

　　共同行动，需要理念认同，需要思想沟通，需要不同民族的人文交流。

各国留学，是人类思想文化交流沟通的桥梁。

支持留学事业，帮助留学生发挥作用，是推进人类低碳生存、保护环境安全的捷径。

支持留学事业，帮助留学生发挥作用，中国留学生博物馆创新"桐欣模式"，做出了有益的尝试，值得借鉴。

人类生存离不开环境安全。

保护环境安全的关键是人类低碳生存。

更新环境理念，明确技术路线，制定行为规范，支持留学事业，帮助留学生发展，有助于人类低碳生存。

以上是本书的概要，作为前言，以方便阅读。

一、七伦道环境理念

七伦道认为，地球环境是人类生存的唯一家园，人类生存离不开环境安全，环境安全的关键是人类低碳生存。

七伦道提出，人类应该秉持"天人合和"的环境理念，与环境友好相处，低碳生存，保护环境安全。

"天人合和"环境理念，吸收东方古代道家、儒家、佛家的基本环境思想，融合东方传统文化；

"天人合和"环境理念，摒弃西方近代的"人本主义"环境理念，融合西方近现代先进文化；

"天人合和"环境理念，弘扬"环境和学"理论精神，完善人类低碳生存的技术路线和行为规范。

1. 环境安全

地球环境是人类唯一的生存家园。

地球是一个小小的球体，悬浮在浩瀚太空中。

地球的表面积约 5 亿平方千米，陆地面积 1.5 亿平方千米。人均可居住面积，只有 1 万平方米左右。

地球上有一个很小的环境空间。她环绕地球而存在，以地球的海平面为中心，上下各有 10 千米左右的高度。

在这个环境中，存在着生命以及支撑生命活动的能源、大地、水和大气等物质。生命体与支撑物质之间相互作用，有机结合。

环境与太空之间，有能量交换。

太阳能量以辐射的方式进入环境，一部分存于植物的体中，一部分加热地球表面德尔物质和大气。被加热的地球表面物质和大气，又向太空辐射热量。

正常情况下，进入环境的太阳辐射热量，与环境输出的地球辐射热量基本相等。能量在环境中自然平衡，保持环境中大气温度基本稳定，维系生命生存。

环境与太空之间，没有物质交换。

物质只在环境内部循环。来自太阳的能量所产生的气候变化、大气环流和海洋水流，促使地球上的物质相互作用、相互循环。物质在环境中自然平衡，维系生命生存。

所有生命，包括植物、动物、微生物，栖息空间相通，食物链相连。他们互为代谢，互相利用，和谐共存，完成各自的生命历程。周而复始，维持生物多样性。

动物依赖植物维持生命，植物依赖动物成长。

植物接受阳光，吸收水分，调节气候，保障动物的生存环境。微生物分解动植物组织，释放其中的养分和能量，供植物重新利用。

动物需要植物将二氧化碳转变成氧气用于呼吸。植物需要动物将氧气转化成二氧化碳用于循环。昆虫和鸟类传授花粉，帮助植物繁衍后代。细菌和藻类固定氮气，支撑植物生长。

所有的生命组成一个生命共同体，生物多样性是生命共同体的前提。如果部分物种灭绝，就会破坏生物多样性，威胁其他生物，特别是人类的生存。

保护生物多样性，不仅仅是为了拯救某些生物的生命、阻止某些物种的灭绝，主要是保护人类生存的环境。

人类是环境的组成部分。

"人类"是生命的一种，是动物的一个种群。

现在，地球上的人类人口数量超过 70 亿，估计未来会在 80 亿左右徘徊。人类依赖阳光、大气、水和土地，以及其他生命类同伴的呵护，远古以来，就在环境中诞生、死亡，生生不息地在"活着"。

"人类"又是一个特殊的动物物种。

人类头脑聪明，有动手能力，繁殖能力强。既能食用植物，又能食用动物，甚至微生物。人类善于学习、勤于思考，可以逻辑思维，可以用手劳动。在漫长的生存历程中，不断进化，变得越来越有智慧。

大气是环境的组成部分。

大气的主要成分是氮气和氧气。还有少量的温室气体，包括水蒸气、二氧化碳、甲烷、氮氧化物、臭氧，以及颗粒物等。

大气围绕地球的外围存在，在地球外围形成一个圆环状的大气层。

大气层中，10 千米以下的空间，称为对流层。

对流层内的大气，受到太阳辐射，以及地球表面辐射的双重作用，温度随着海拔的升高而降低。

对流层内的大气温度上冷下热，大气状态很不稳定。由此，形成不同的气流运动，形成千姿百态的气候现象。

高度 10 千米至 35 千米的空间，称为平流层。平流层内，大气只受到太阳辐射作用，温度随着海拔的升高而升高。

平流层内的大气温度上热下冷，大气状态非常稳定。飞机在此空域飞行，舒适安全，并减少耗能。

大气孕育生命。

植物利用大气中的二氧化碳和水，产生碳水化合物。大气中的氧气，又把碳水化合物转化为能量，孕育各类生命。

大气维持生命。

大气中的温室气体，为生命提供舒适的温度保证。温室气体可以储存一部分由地球环境射向太空的辐射热量，使大气温度趋于基本稳定。

如果没有温室气体的作用，地球表面的大气平均温度仅为-18℃左右。大气温度的变化幅度也会像月球一样，昼夜温差很大，人类难以生存。

大气保护生命。

平流层中的臭氧层，遮挡来自太阳的有害辐射，保护地球生命。如果没有臭氧层，地球上的生命，包括人类在内，将难以生存。

大气是生命的蓄水池。

大气中存留大量的水。大气中的水，以气态水形式存在。气态水通过冷凝，形成云。再随着温度变化，形成雨、冰雹、雪、霜或露水，通过水循环，维持生命生存。

大气是人类的垃圾场。

大气谦和宽容，接受人类生存活动的废弃物。但是，大气是一个封闭的循环体系，一旦废弃物物质超出环境容量，大气将遭到污染，影响人类生存。

大气是天气的大舞台。

大气在对流层中流动，将地球赤道附近的热量，输送到远离赤道的其他区域。由此产生的气候，支撑环境稳定循环，维系人类生存。

气候是一个复杂的大系统。地理位置、大气环流、海洋水流及温室气体含量等，多种因素影响气候。其中，温室气体对气候变化的影响较大。

火山喷发、有机物腐败、植物燃烧、动物呼吸等，不断地向大气中排放温室气体。

另外，现代人类的生存活动，也会产生大量的温室气体排入大气，改变大气中温室气体的成分和含量。

二氧化碳和甲烷是影响气候变化的主要温室气体。

大气中的碳元素经过光合作用，储存于生物体内，形成生物质能。化石燃料就是亿万年前的生物质能，在地球某处的高温作用下发生的演变。当焚烧这类生物质能时，碳被释放，以二氧化碳的形式进入大气。

大气中的甲烷气体大部分由人类的生存活动所产生。种植水稻是产生甲烷的主要来源，养殖动物的气体排放是另一来源。垃圾的分解和腐烂、废弃物的处理过程、部分工业生产等，也都会排放气体甲烷。

气候变化是正常的。

纵观地球环境史，全球及区域性的气候变化，几乎一直没有停止过。影响气候变化的自然因素，包括火山爆发、小行星碰撞等。

气候变化速度太快则是不正常的。

气候的异常变化，会导致灾害性气候事件频发，冰川和积雪融化加速，水资源分布失衡。威胁生物多样性，影响人类生存。

如果，气候异常变化的主要原因归结为人类生存活动所致，人类就应该认真反省，约束自身行为，尽量减少温室气体排放。

人类生存，离不开气候稳定。

水是环境的组成部分。

水是地球上的独特物质，以气态、液态、固态三种不同形态在环境中存在，在环境内封闭循环，不断地进行形态变化和能量变换，但是，总量不会变化。

太阳的热量蒸发海水以及地表液态水，被蒸发的液态水会变成纯净的气态水进入大气。

大气中的气态水遇到低温，冷凝形成雨。雨水通过河流等地表水系统，携带环境中的一些废弃物，流入海洋。完成一次水循环。

大气中的云或地表的水，遇冷形成固态的冰、雪，集聚在地球的寒冷地区。大气温度升高时，再次变成液态水，流入海洋。完成一次水的循环。

部分气态水或液态水，进入生命体内部，通过生命体的排泄系统，携带生命体内的废弃物排至体外，维持生命活动。也是一次水的循环。

水通过变换自身形态，不停地循环，清除水体内的杂物，保持水的清洁和功能安全。同时，提升水的势能，为水的流动创造条件。

水是人类的生命支撑体。

人类体重的 70%是水，人类需要淡水支撑身体和生命。除了饮用，人类摄取食物的大半，都来自用淡水灌溉的农业生产。人类使用的化石能和工业产品，同样离不开水的作用。

水是人类的生存工具。

水的浮力和流动性，帮助人类交流、交往。在交通不便的过去，借助于水的浮力作用和流动功能，实现人的交流和货物的交换。

水运是人类历史上较早的运输形式，支撑人类的不同种群融合，创造共同的人类文明。

水是人类文明的发祥地。

古老的城市均发源于水道之侧，今天的大城市均位于海河之畔。如果不是处于哈得孙河和大西洋交汇处，美国纽约将不会成为世界的经济中心。同样，中国上海的发展得益于长江和太平洋的交汇。

水是人类的垃圾场。

水慷慨大度，接受一定量的其他物质进入，为环境的循环提供条件。正常情况下，水会稀释、扩散或降解进入水体的其他物质，不会危害人类身体健康。

但是，如果进入水的废弃物过多，超出水的自净能力，就会导致水的化学、物理和生物特性发生变化，水被污染，影响人类生存。

水是人类重要的能源。

历史上的水车，改善人类的生产条件；现代的水力发电，不但支撑人类的现代文明，在实现生态文明的进程中，一定会肩负更大的使命。

水有清洁卫生功能。

水可以保持人类、物体以及生活用品和空间的清洁和卫生，保护人类健康。

同时，水是农业的命脉，水是工业的血液。

人类生存，离不开清洁的水。

土壤是环境的组成部分。

今天，虽然人类可以利用科学技术和化石能，不用土壤就能种植庄稼，生产食物。但是，有充分的理由相信，土壤作为人类重要的生存资源，现在不会、将来也永远不会退出历史舞台。

土壤是指能够生长植物的地球表面的软土层。

地壳深处的矿物质，由于种种原因到达地球表面，通过水、大气、阳光、生物体等环境物质的长期作用，逐渐形成土壤。

土壤为植物生长提供物理支撑，提供植物生长所需要的水、肥、气、热等必要元素。

土壤是农业的载体。

人类依靠农业，支撑超出地球原始承载力许多倍的人类活动。历史上，农业技术的进步，直接刺激人类人口数量的增加。同时，农业技术的进步，一定依赖于土壤的安全改良。

土壤是人类的垃圾场。

土壤可以接纳一定数量的人类生存活动的废弃物。但是，如果土壤中废弃物过多，超过土壤的自净能力，就会引起土壤质量恶化，影响农作物质量。

土壤的形成速度缓慢。

在高温潮湿地区，植被繁茂，地表含有丰富的有机物质，较容易形成土壤。在干燥寒冷地区，地表的有机物质含量较少，要形成土壤，需要花费较长的时间。

污染土壤的过程，却极其简单。

大量使用化肥、农药、杀虫剂，砍伐森林，毁坏植被，都会破坏土壤性质，污染土壤，影响粮食产量和食品安全。

一旦土壤遭到污染，修复土壤将非常困难。人类应该呵护土壤，保护土壤安全。

能源是环境的组成部分。

能源是"火"的基础。发现火、学会用火，是人类从一般的动物中脱颖而出的关键。

火是人类文明的基石。在地球生命体中，只有人类，会利用环境中的资源，创造出"火"，为自身生存服务。

人类生存离不开火，离不开能源。

能源是火的载体。火，需要氧气、火源和能源。

氧气在大气中存在，用之不竭。火源，早期源于自然现象。保存火源、制造火源，是人类祖先的神圣使命。

寻找能源、利用能源，则是人类长期的生存课题。

人类可以利用的能源，均来自核能。

太阳能是核物质聚变过程中的核能。太阳辐射是直接的太阳能。水能是太阳能产生的势能。风能是太阳能产生的动能。生物质能是储存于生物体内的间接太阳能。化石能是储存于地下的、远古时期的生物质能。

地热是地下核物质自然核裂变所产生的核能。核电是使用核物质人工裂变所产生的核能进行发电。

太阳能、水能、风能，以及来自核裂变的地热能和核电能，在利用的过程中都不会产生碳排放。

生物质能，在燃烧过程中排放的二氧化碳量，相当于它在生长过程中，植物光合作用所吸收的二氧化碳量。对大气来讲，生物质能的二氧化碳排放近似于零。

然而，使用上述这些能源，必须建造相应的利用设施，其过程不可避免地消耗部分其他能源。这类能源被称为"低碳能源"。

煤炭、石油、天然气等化石能，是远古时期的生物质能在地下的积存。在利用化石能的燃烧过程中，会产生大量的二氧化碳排放。这类能源被称为"高碳能源"。

大量使用高碳的化石能，是现代人类生存的主要问题，是影响环境安全的主要因素。

大气、水、土壤、能源，以及包括人类在内的生命共同体，共同构成地球环境。

地球环境是迄今为止人类所发现的唯一适合人类生存的空间。环境安全直接影响人类生存。

曾经，有科学家群体设想创造一个"人工地球环境"，用于支撑人类生存。

在美国的某地，科学家们运用人工智能技术，建造一个密闭空间，试图创造出一个适合人类生存的环境。

试验得出结论：地球环境是不可复制的。

地球环境是唯一的、不可复制的人类生存家园。

环境安全，是人类生存的先决条件。

到目前为止，人类只能在地球环境中自由生存。

假设将来有一天，发现在其他星球上，也存在适合人类生存的环境，人类又有能力移居其他星球生存，繁衍后代。则另当别论。

只是，出生在其他星球的人类后代，能否被称为"人类"，还有待于人类后代的判断。

2. 低碳生存

人类依赖地球环境的能量平衡、物质平衡和生物多样性，维持自身的生存。

人类的生存活动，离不开环境安全。同时，人类的生存活动，又影响环境安全。

为了生存，人类应该保护环境安全。

如果环境不安全，人类的生存将会受到严重威胁。

事实上，这种威胁经常存在。

人类随着自身的进化、能力增强，不断地试图凌驾于环境之上，有意无意地破坏环境，威胁环境安全。

由此，人类的生存也不断出现险情。

中东地区的两河流域，古代林木葱郁，沃野千里；南亚地区的两河流域，古代同样是气候湿润，农业发达。

这两个人类文明的发祥地，如今却黄沙漫漫，罕有人迹。环境遭到破坏，昔日的富庶情景早已无影无踪。

同样，在东方，孕育灿烂中华文明的中国黄土高原，曾经也是植被茂盛，富裕繁荣，如今却是满目疮痍，荒凉无比，不适于人类居住。

中华民族依靠向南迁徙，维系古老文明的延续。其他的古代文明，由于环境难以支撑人类生存，烟灭魂散。

地球史上，这样的痛苦记忆着实不少。

历史可能重演。

在人类数量大增、环境严重污染的今天，人类又一次面临生存危险。今日的富庶之地，日后会不会变成沙漠荒滩？今日的繁华都市，将来会不会渺无人烟？人类，作为一个动物种群，能否延续生存，如何生存？

从人类的发展史上看，人类生存环境的安全与否，与人类的生存活动密不可分。

早期，人类没有能力抵御各种自然灾难，也无法预防疾病和灾害。生存所迫，人类只能顺从环境，被动融入环境。由此，人类与环境和谐共存，地球环境安然无恙。

后来，人类创造了灿烂的古代文明。人类利用自身力量，可以影响和局部改变环境。建屋造田，纺纱织布，饲养家畜，以马代步。荒芜之地渐渐变成了繁荣市井。

由于人类认知有限，在生存活动中，不可避免地破坏了部分环境。砍伐森林，开垦草原，引起水土流失，水旱灾害频发。盲目兴修水利，不合理灌溉，引起土壤盐渍化，以及某些传染病的流行。

环境遭到破坏，粮食减产，导致饥荒，社会动荡不安，人类人口数量急剧下降；人类人口数量跌入低谷后，其生存活动对环境的破坏程度降低，环境恢复活力，粮食增产，人类人口数量增加，维持人类物种的生存。

以上，人类生存的循环过程处于农业文明时期。

农业革命，并没有改变人类获取生活资料的方法，没有变革人类使用的能源结构。

农业文明时期，人类的生存活动，包括生活饮食和生产工具，都依赖碳水化合物的贡献。环境中的微生物，可以将人类生存活动所产生的以碳水化合物为主的废弃物分解，再次循环，不会造成对环境的重大破坏。环境相对安全，人类与环境处于比较和谐的状态。

工业文明时代来临，情况发生巨大变化。人类正在面临严峻考验。

工业革命之前，人类把生产力的全部，投入到粮食生产，也仅仅能够勉强维持生存。

工业革命之后，机械取代畜力，社会化生产替代了手工作坊。烟囱林立、机器轰鸣成为时代的象征。人类无需花费过多的力量就能获取食物，丰衣足食。

人类的暴发户心理开始膨胀，大量掠夺地球资源，无序利用化石能，无度排放废弃物。试图改变环境现状，奢侈人生。其结果，扰乱了环境的循环平衡。

人类与环境的相处变得极不和谐，环境不安全了。

大气污染，是环境不安全的表象。

大气污染危害极大。污染大气中的有害物质通过不同路径，破坏人类身体健康，危害植物生长。扰乱气候变化，危及人类生存。

雾霾是一种大气污染危害。

雾是一种自然现象，当温度低于大气的露点温度时，大气中的水蒸气会形成雾。雾对人类身体无害。

霾是一种大气污染现象，主要成分是微小颗粒物或气溶胶，很小、很轻。霾对人类身体有害。

颗粒物的大小，影响其在大气和人体中的特性，并决定颗粒物是否会进入人体肺部，破坏肺部功能。

大于 10 微米的颗粒物可以被鼻子和咽喉截住，不会进入肺部；5～10 微米的颗粒物可以在咽喉通过物理机制去除；小于 5 微米的颗粒物会到达支气管。

小于 2.5 微米的颗粒物，即超细颗粒物 PM2.5 在空中悬浮时间长，漂浮距离远，隐蔽性强，会通过呼吸进入肺部最深处，对人类危害大。

人体呼吸系统、心血管系统，甚至内分泌系统都会不同程度地受到超细颗粒物 PM2.5 的影响。

保护大气安全，应该重视减轻超细颗粒物 PM2.5 的危害。

酸雨是一种大气污染危害。

化石能的燃烧排气，与大气中的气态水结合，生成酸雨。酸雨使河流湖泊的酸度增高，危害水中生物。

酸雨破坏土壤中的营养成分，杀死土壤微生物，使土壤酸化，降低土壤肥力，危害植物生长。

臭氧是一种大气污染危害。

高空中的臭氧对人类有益。平流层中的臭氧，遮挡太阳的紫外线，充当人类的保护伞。

但是，低空臭氧是一种大气污染现象，对人类有害。

化石能燃烧的排气，与大气中的氧气反应，生成臭氧。进一步，臭氧与化石能的排气再次反应，形成光化学烟雾，污染大气。影响植物的生长，影响人类的身体健康。

"热岛现象"是一种大气污染危害。

城市人口密度大、排热多的地区，排入大气的热量形成热岛现象。热岛现象所产生的上升气流，把郊区的垃圾尘菌带入城市中心区域，加剧大气污染。

热岛现象导致城市的小气候异常，物候失常，造成局部水患。热岛现象致使城市的用电量和用水量大增，形成能量利用和大气环境的恶性循环。

气候异常变化是一种大气污染危害。

大气中的温室气体，保护人类的生命。但是，如果大气中的温室气体含量增加过快，导致气候异常变化，则会威胁人类生存。

气候异常变化，影响生物多样性。生物适应在一些特定的环境条件下生存。气温、降雨量的急剧变化以及海平面上升，都会摧毁一些生物的栖息地，威胁生物多样性。也会破坏农业水资源供需关系，影响粮食生产。

气候异常变化，人体的肌体抵抗力和适应能力发生变化，引发多种身体疾病。增加有毒微生物和病虫害发生概率，造成传染性疾病传播范围扩大，增加疾病、热浪、洪水和干旱的发生概率。

气候异常变化，海平面上升，沿海地区遭受洪涝、风暴等自然灾害影响更为严重，小岛屿国家和沿海低洼地带，甚至面临被淹没的威胁。

气候异常变化，致使海水温度变化，产生更多的厄尔尼诺现象。也会改变台风的路径，穿过人类密集、以前没有台风直接袭击的地域，会造成巨大社会损失。

气候异常变化，影响城市的功能。暴雪、暴雨、洪水、干旱、冰雹、雷电、台风等，极端气候频繁光顾城市。

全球有影响力的城市均在沿海附近。海平面升高，会淹没一些重要地区，直接威胁城市生存。

水污染，是环境不安全的表象。

人体的一切生理活动，如输送营养、调节温度、排泄废物等，都要靠水来完成。如果水被污染，其有害物质就会通过不同路径，进入人体，破坏身体健康。

水污染，影响农业生产。

使用受污染的水来灌溉农田，会破坏土壤性质，影响农作物的生长，造成粮食减产。水生植物、水生动物，以及受到污染水灌溉的其他植物，都会受到不良影响。

早期，人类生存活动的废弃物，基本不经过处理，直接进入水体。由于当时的废弃物数量有限，又多为碳水化合物，并没有对水体造成重大污染。

近代，大量使用化石能，其中大量的碳氢化合物废弃物排入水体。这些物质几乎都不能被水稀释和扩散，造成严重的水污染。

固废、废水、废气，是水污染的主要因素。

农业生产用的农药和化肥，残留在土壤里，漂浮在大气中，最终通过各种途径进入水中，污染水体。水体的富营养化是一种水污染。过剩的营养体，主要来自洗涤剂和化肥。

水污染，特别是地下水的污染，很难处理和恢复。人类在生存活动中，应尽量避免造成水污染。

人类离不开洁净的水，水污染危害人类生存。

土壤污染，是环境不安全的表象。

固废、废水、废气等污染物直接进入土壤，或经由大气，或经由水，进入土壤，最终都会造成土壤污染。

被污染的土壤，原有的特性遭到破坏，导致土壤质量下降，农作物减产。

土壤的污染物在植物体内积累，并通过食物链，进入动物体中，危害人类身体健康，引发疾病。

矿产废弃物、工业废弃物、生活废弃物、大气沉淀物、水沉淀物，大量的化肥、农药、杀虫剂等化石能的衍生品等，进入土壤并积累起来，都是污染土壤的元凶。

特别是农药，对土壤的危害性更大。

喷施于农作物的农药，一半散落在土壤中。农作物从土壤中吸收农药，在根、茎、叶、果实和种子中积累，通过食物链，危害人类身体健康。

废水用于农田灌溉，含有重金属的有毒有害物质就会污染土壤。固废中的污染物进入土壤，或通过其渗出液体进入土壤，也会造成土壤污染。

农业使用的非降解性塑料薄膜，其残膜碎片散落于土壤中，既不易蒸发、挥发，也不易被土壤微生物分解，长期滞留土壤中，造成所谓的白色污染。

另外，大气污染、水污染和固废环境污染，一般都比较直观，容易被发现。

但是，土壤污染从产生污染，到出现问题，通常要经过一段较长的时间。土壤污染，往往要通过对土壤样品分析，或者农作物的残留检测，甚至通过研究对生物的健康影响，才能被发现。

在靠天吃饭的时代，使用有机肥料补充土壤肥力，提高收成，基本不会造成土壤污染。

现在，粮食生产离不开钢铁、化肥、农药、除草剂化等，这些都是化石能的制成品或衍生品，弄不好，都会成为土壤的污染源。土壤安全关乎人类的饭碗。

生物多样性危机，是环境不安全的表象。

人类强势的生存活动，使其他生物物种的灭绝速度不断加快。如今，人类面临的一大威胁，就是生物多样性正在遭到破坏。

个别物种灭绝，乃至大部分物种灭绝，对环境来说不足为奇。但是，如果大量的物种灭绝，其原因又清晰表明是来自人类的生存活动，就应当引起人类的高度关注。

近现代，人类以科学为武器，凌驾于其他生物之上。

砍伐森林，削平山头，围垦湿地，滩涂造地，修路盖房，筑堤修坝，填埋湿地，开发海洋滩涂等等，人类的生存活动，分割了生物的栖息地，使部分生物失去栖息空间，丧失食物链，毁灭多种生物生命，破坏环境安全。

物种失去栖息地，将使得种群减少甚至灭绝。栖息地是候鸟存在的前提。栖息地减少，威胁鸟类生存。候鸟的消失，直接破坏当地的生物环境。

农业生产的单一种植方式，也是破坏生态多样化的表现。人类将农作物以外的一切植物都视为杂草，这些植物的消失，有损于生物基因库的完整，破坏生物多样性。

化学杀虫剂是持久性污染物。杀虫剂不仅消灭害虫，也会杀死益虫、真菌以及害虫的天敌。

另外，人类利用化石能，发明化学的时间很短。使用化学制品，对改变生物环境的危害，可能还没有充分显现。

人类应该警醒：大量使用化学制品，是一项巨大的化学实验，也可能是破坏生物多样性的危险举动！

大气污染、水污染、土壤污染、生物多样性破坏等，种种环境不安全的表象，直接影响人类生存。环境不安全表象的深层原因，是人类人口的生存活动过于强势。

20 世纪中，人类人口数量增长 4 倍，城市人口增长 13 倍，化石能消耗增长 13 倍，商品量增长 40 倍，用水量增长 9 倍，二氧化碳排放量增长 17 倍。

人类战天斗地，大量生产、大量消费、大量废弃，无序使用化石能。这些化石能所产生的固废、废水、废气，环境中的微生物没有能力将其分解。

这些废弃物进入环境后，只能在大气、水、土壤以及太空之间滞留，以人类生存活动垃圾的形式存在，破坏环境安全。

举例说，气候异常变化，就是燃烧化石能所产生的二氧化碳进入大气所惹的祸。

二氧化碳，既是保护人类生存的功臣，又是导致气候异常变化的元凶。化石能产生的二氧化碳进入大气，使得大气中的二氧化碳浓度增速过快，直接引起气候异常变化。

实际上，二氧化碳是大气的原始组成成分。二氧化碳在海洋、植物、大气之间循环，维系环境平衡。

因为人类无度地利用化石能，无度地砍伐森林，从二氧化碳的产生和吸收两个方面，扰乱原来的平衡机制，才造成大气中的二氧化碳浓度增加，破坏气候变化的正常过程。

二氧化碳没有错，错在人类过多地使用化石能。

在不会长大的小小的地球上，人类的人口数量骤然间大量增加，且大量无序使用高碳的化石能，无度地排放诸如废水、废气、固废等碳氢化合物类废弃物，这是人类生存环境不安全的根本原因。

地球的环境容量是有限的。人类只有在环境容量的允许范围内，从事生存活动，才能有助于环境安全。

低碳生存，是保护环境安全的关键。

3. 天人合和

低碳生存，是指人类在衣、食、住、行、乐、康、寿的生存活动中，注重环境调和、环境利用、环境保护，减少资源消耗，智慧利用能源，健康生活、快乐人生的生存方式。

低碳生存，首先应该更新环境理念。

曾经，人类敬畏环境。电闪雷鸣让人类顶礼膜拜，山洪台风让人类不知所然。于是乎，道法自然，天人合一。各种以屈服环境为核心的环境理念，在远古的时代应运而生。

曾经，人类藐视环境。工业革命，科学至上，战天斗地，大干快上。信奉"人本主义"的环境理念，导致大气、水、土壤、太空遭到污染，生物灭绝、气候变化等现象频发，环境遭到破坏。

理念源于认识，理念决定行动。

人类对环境问题的认识是一个渐进的过程。

环境危机出现之初，人类把环境问题多看作是一个技术问题。人类的主要精力用于研究什么样的技术，用于治理环境污染。

后来发现，再好的环保技术，也无法从根本上限制不良企业的污染排放。于是，环境问题上升为经济问题。各种鼓励环保、惩罚污染环境行为的经济政策不断出台，并逐渐形成机制。

再后来，环境问题全球化。环境问题涉及社会各个阶层、各个国家的利益。环境问题随即上升成为政治问题。

实际上，环境问题，主要是思想观念问题。

政治是思想的表象。纵观历史，地球上许多环境灾难，其实质都是人类思想观念出现了偏差所造成的现象。

从表象上看，环境污染的原因，是人类过度向环境索取所致。从本质上看，肆意挥霍浪费资源，破坏环境的行为本身，是因秉持错误的环境理念所致。

人类应该更新环境理念，秉持"天人合和"的新环境理念，低碳生存，保护环境安全。

"天人合和"环境理念，吸收东方古代道家、儒家、佛家的基本环境思想，融合东方传统文化。

东方古代的环境理念主要是"道法自然"，"天人合一"，"尊重生命"，等等。

早期，地球人类数量稀少，地大物博。人类没有必要，也没有能力去改造环境。饥饿、疾病、猛兽袭扰，是威胁人类生存的主要因素。

在很大程度上，人类依赖于环境的恩赐才能生存。人类对环境的影响，微乎其微。

后来，人类学会生产粮食。在原始农业的生产过程中，"天"的作用非常之大。只有学会认识环境的本性，顺天应地，才有可能获得好的收成。靠天吃饭。

于是，出现了观天的学问，以及划分气候的学问。

根据天文和季节时段，下地播种，就可能获得好收成。当然，阳光、土壤、气候、水和生态，直接影响农业收成，也是人类的观察对象。

观察和经验得出结论：人类要生存，只能顺应环境安排，听天由命。

在没有能力"战天斗地"的时代，根据适者生存的法则，人类也只能委曲求全，屈服环境，顺从天的安排。多少有一些被动有余，主动不足。

这种原始状态的环境理念，不断被东方的道家、儒家、佛家进行研究整理，形成各家独树旗帜的学说。逐渐成为中华文明中环境思想的基因，影响东方的文明进程。

道家崇尚"道法自然"。

道家认为，环境是万能的，其规律是万万不能违背的。环境就是自然。

人类一切行为都应该顺应自然的安排，"人法地，地法天，天法道，道法自然"。强调人类尊重自然规律是最高规范，效法自然是人类的生存路径。

人类对环境的规律只能顺从，依循环境的本性，去爱护环境。反对人类对环境有任何作为。

人类是环境的组成部分，人类和环境是一个统一体。环境中，任何事物都是平等的，没有贵贱之分。一切物质都有存在的价值。

人类应该自觉放弃征服环境的行为，以审美的态度去鉴赏环境之大美，体味人类与环境和和融融的快乐，寻找真正的人类生存价值。

人类只有顺应自然，达到"天地与我并生，万物与我为一"的境界，才能快乐人生。

遵从环境自然规律，是人类的最高行为准则。崇尚自然、效法天地，是人类行为的最基本皈依。

儒家强调"天人合一"。

儒家认为，人类是环境的一部分。人类与环境共存于同一个大系统，息息相通，和谐平衡。

人类与环境，是一种"爱"的关系，不能只讲索取、征服，不讲付出和保护。环境是一个生命体。环境有自身价值，人类应该尊重环境，热爱生命，与环境友好相处。

人类对于环境的行为，应该一切从"合一"出发，与天地相合，与日月相合，与四时相合。

环境是人类的朋友。人类要爱护环境，协调生物群落的关系，使各种生物和谐发展。

只有动物兴旺繁衍、植物繁茂昌盛，人类才能得以生存。只有环境按其规律生生不息，人类才有取之不尽、用之不竭的生存资源。

人类与环境的万物同类。人类应该按照环境规律行为，尊重环境秩序，维护环境安全。违背环境自然规律是危险的，也是有害的。

儒家认为，生活简约，节省资源，减少人类破坏环境的冲动，是人类生存的基本前提。

儒家强调节俭，节制欲望，反对滥用环境资源。取之有时，用之有节，物尽其用。按自然规律办事，从长远出发，保护环境安全。

儒家重视人类的主体性，重视一定程度的人类主动性，同时又强调人类与环境的统一性，把实现环境和谐，看作人类的崇高使命。

佛家呼吁"尊重生命"。

佛家认为，万事万物都是诸条件和合产生的。在宇宙中没有不变的实体，条件在不断变化，事物也在不断变化之中。一切事物都是互为条件、互相依存的。

环境是一个有机体。一切生命都是环境的组成部分，离开环境，生命就不能生存。生命与环境，相辅相成，密不可分。互相渗透、互为条件、互相依存，你中有我、我中有你，你离不开我、我离不开你。

人类要感恩环境，爱护生物。天地与我同根，万物与我一体。人类思维能力高超，但并不能因此而伤害其他生物，破坏环境。

任何生命都有自己的价值和存在的权力，珍惜生命，尊重生命，保护生命。小至细菌，大至宇宙生灵，都在生命的川流不息之中，组成生命共同体。

生命对于人类和其他生物同样宝贵。反对任意伤害生命，提倡素食。提倡普度众生，泛爱生命。不杀生。

众生平等。不仅人类内部是平等的，而且人类与其他生命之间也是平等的。一切生物都有佛性，要破除人类自身的优越感，以及征服环境的统治欲。

"天人合和"环境理念，摒弃西方近代的"人本主义"环境理念，融合西方近现代先进文化。

近现代，西方思想影响全世界。工业革命的成功，以及科学的发展，"人本主义"环境理念，得以在世界范围广为流传，影响人类生存活动。

人本主义认为，人类可以随意对待环境。人类是地球的主体，环境是地球的客体，主客分离。环境的存在，仅仅是为了满足人类的需要。

人类是地球的主人，环境是人类的仆人。人类个体的一切需要都是合理的。为了满足个体的任何需要，可以破坏环境，前提仅仅是不能损害其他人类个体的利益。

主仆关系的确立，形成了人类对待环境的傲慢态度。不懂珍视，不懂奉献，只会一味地从地球索取，掠夺环境。

环境成为供人类任意索取的资源仓库，人类完全可以依据其意愿，改造环境，破坏环境。

人本主义，奠定了工业革命以及人类统治环境、破坏环境的理论基础。

人本主义，为人类改造环境、征服环境、破坏环境的思想和行为推波助澜，摇旗呐喊。

人本主义，刺激人类消费环境，追求奢侈生活的激情，奠定了大量生产、大量消费、大量废弃的思想根基，引领工业革命的方向。

工业革命取得成功，环境遭到破坏，人本主义环境理念有直接的、重大的"贡献"。

科学是人类文明的结晶。人本主义的产生和发展，科学起到重要的助推作用。

"科学"认为，世界没有权威，只有真理。这是一种革命性思维，激发了人类探求环境、开发环境、环境利用的热情，提供人类支配环境、破坏环境的强大能力。

由此，地球面貌日新月异，人类财富快速聚集。人们在享用豪华奢侈生活的同时，面临的环境污染日益严重。

某种意义上讲，科学是现代环境危机的元凶。当然，如果用科学的方法保护环境，则"科学"一定能够成为环境危机的克星。"科学"没有错，错在人类用错了地方。

如果没有"科学"的无序破坏环境的快速发展，人类可能不会受到环境污染的威胁，正在享受好山、好水、好天空的大美环境，活得悠闲洒脱。

工业革命后，人类在人本主义环境理念的影响下，在科学工具的帮助下，狂妄无畏。以地球主人自居，只知道环境属于自己支配，随意挥霍和摧残。

在物欲的驱使下，毫无顾及地消灭野生动物，毫不留情地毁掉原始森林，毫无节制地开发资源、利用化石能，污染环境。

20 世纪中叶，环境问题日趋严重。有识之士开始反思，并通过一系列环境保护运动，逐渐形成"生态中心主义"的环境理念。

生态中心主义，完全否定人本主义的价值观念，否定工业社会的价值体系，批判物质追求和物质享乐，强调维持环境安全的作用。

生态中心主义认为，人本主义支撑的工业文明模式，引领工业革命成功的同时，破坏了环境安全。

人类不能以主人自居，要超越自我，给予环境像人类一样的平等权利。

人类与环境应该绝对平等。环境应该与人类一样拥有人伦关怀，应获得与人类伦理价值同等的道德和价值待遇。

生态中心主义，从一个极端，走向另一个极端。无视环境的自然规律，随心所欲。

事实上，人类根本无法赋予环境以人伦关系。

人伦，首推五伦，产生时间之早，社会影响之深，举世公认。忠、孝、悌、忍、善的行为准则，无论如何牵强，也不能推及环境。

生态中心主义是一种理论空想，其生命过程只能是昙花一现，草草收场。

人本主义的狂妄，生态中心主义的空想，其本质，都是把人类与环境隔离。主客两分，把人类处于环境之上。

两种看似完全对立的环境理念，都是从人类统治环境的立场出发，都不能成为当代解决环境问题的主导思想。

另一方面，以儒、释、道为代表的东方环境思想，早已不能适应今天人类的生存状态。一味遵循古人之环境理念，指导今天的人类生存，实属刻舟求剑。

顺应时代变迁，20 世纪末，"环境和学"理论出现。环境和学主要研究人类与城市环境的共生关系，以东西方环境思想的相互融合为基础，寻找城市发展的途径。

环境和学认为，环境具有互相依存、消长、转化的关系，是互生互克的复杂性系统。

城市环境是一个活的生命体，其生存发展可以参照人的生命规律。解决城市环境问题不能就事论事地进行外科手术，而是要从生命整体考虑，中医诊疗。

人类依赖环境生存，不能随意地改造和破坏环境，只能与环境和谐共生，环境调和。在此基础上，以人为本，适当环境利用。同时，应该主动保护环境。

环境和学认为，保护环境安全的技术手段是系统最优化。把环境的对象和过程，视为一个相互联系、相互作用的整体。应该遵循环境整体最优、又不使部分损失过大的优化方案。

环境和学提出，"环境调和、环境利用、环境保护"是人类与环境和谐共生的基本路径，其先后顺序非常重要，不能改变。这个重要的理论贡献，对人类与环境的友好相处、和谐共存指明了方向。

在环境危机严重影响人类生存的今天，人类需要思想解放，百家争鸣，百花齐放，进一步明确人类与环境的关系，指导人类的生存活动。

解放思想决不是，也决不能是胡思乱想，而是要总结成功历史经验，破除不符合现实的旧思想，在继承先人智慧的基础上，实事求是，使主观认识符合客观实际。

由此，七伦道顺势而生。

七伦道阐明人类的生存活动与环境的关系，明确人类低碳生存的理念、路径和实践。

七伦道提出的"天人合和"环境理念，是对"环境和学"理论体系的发展和完善。

七伦道认为，人类与环境的关系应该是"天人合一，和而不同"。人类与环境之间应该友好相处，沿着环境调和、环境利用、环境保护的基本路径，低碳生存。

天人合一。人类是环境的一部分，人类生存离不开环境，融入其中，合一共存。

和而不同。人类与其他环境因子不能完全等同。人类为了活着，适当"环境利用"，天经地义。

环境调和、环境利用、环境保护，就是采用"分布式网络化"技术措施，在城市建设和管理领域，在智慧利用能源领域，在环境保护领域，保障低碳生存。

七伦道强调，从我做起，修身慎独，健康生活，快乐人生。建立高效政府，制定低碳生存规范。支持留学事业，帮助留学生成长，等等，都是积极的低碳生存。

七伦道是人类低碳生存之道。

二、七伦道技术路线

低碳生存，需要明确技术路线。

七伦道指出，人类遵循"环境调和、环境利用、环境保护"的技术路线，有利于低碳生存，保护环境安全。

环境调和。人类主动与环境友好相处，其生存活动尽可能融入环境。"单元城市"是人类环境调和，建设环境安全城市的典型案例。

环境利用。人类生存应该利用资源，智慧利用能源是关键。"智能城网"是分布式网络化能源系统的范例，有机融入单元城市，助推低碳生存。

环境保护。人类在环境调和、环境利用的生存活动中，不可避免地扰乱环境稳定，局部破坏环境。用中医整体思维"治未病"的方法修复环境，使资源再生，"垃圾自理"是其主要内涵。

1. 单元城市

日出日落，月明月暗，春夏秋冬，下雨天晴。地球按照自然规律运行，环境按照自然规律循环。

作为环境的组成部分，人类身在其中，自然应该顺应环境，享受环境的温馨，保护环境的安全。

尊天、顺地、无为，是人类生存活动的基本准则。

敬天、顺地，涵义自明。

无为，则是人类按照环境的自然本性，在人类生存活动中，采取适应环境、环境调和的行为，道法自然。

无为，并不是排除人类的主动性，而是反对那种违背自然规律、随意破坏环境的人类妄为。

环境之所以遭到破坏，就在于人类不懂所为、不知所止。一味地无序利用环境，强行改造环境。

人类生存，应该遵循"环境调和"的路径，天人合一，和而不同。

否则，人类的生存活动，就可能扰乱日月的光辉，耗竭山川的精华，干扰四季的交替，破坏人类的生存环境。

人类应该登高望远，以审美的情趣和顺应的态度，去鉴赏环境的自然之美，享受人类与环境自然融合的快乐感受，放弃征服环境的妄想，停止破坏环境的行动。环境调和。

审美是人类生存活动的一部分。人工美景值得欣赏，环境的自然之美，更值得欣赏。

环境的自然朴素之美，是一种大美。

大美环境，具有自然本性。

环境的美，多是无意识地存在，靠人类想象去欣赏。大美，尤其存在于未表现之处。无声胜有声。大美无形。

环境调和，是创造大美的人类生存活动。创造人类自由自在、适意自得的生存空间，有利于人类生存。

环境调和，是高层次的美的追求。调和，本身就是一种美。绚烂至极，归于平淡。看似不经意，实则经过精心的构思和提炼。

环境调和，是人类生存活动中的艺术创造。从审美的角度，少一点，曲一点，含蓄一点，朦胧一点，努力展现环境的自然之美，是环境调和的精髓。

环境调和，创造美好的人类栖息空间，助推人类低碳生存，保护环境安全。

创造环境安全城市，是环境调和的重要使命。

城市，四周筑墙谓之城，有买有卖曰为市。

早期，人类在交往过程中，形成了大大小小的聚集空间，出现了集镇，又扩展为城市。随着城市设施的完善、城市规模的扩大，居住在城市，成为人类的主要生存方式。

人类进入城市时代。城市耗费的资源数量与日俱增，由人类生存活动的排泄物造成的环境污染也日益严重，影响城市质量，威胁人类生存。

资源浪费、交通拥堵、环境污染等等，来自城市环境的严峻挑战，需要人类智慧应对。

以人为本，便利生活，智慧低碳，天人合和，是环境安全城市的灵魂，是大美城市的根本。

城市环境安全，主要取决于城市的资源消费和垃圾排放。地球上，城市消耗能源量占人类总量的四分之三，二氧化碳排放量占人类总量的五分之四。

调和城市环境，建设环境安全城市，关键是减少资源利用，智慧利用能源。

由此，笔者提出"智慧低碳城市"的概念，应用于建设环境安全城市的实践行动。

智慧低碳城市是指在经济、社会、文化等领域全面进步，市民生活品质不断提高的前提下，用智慧的方法，减少资源使用，优化能源结构，实现环境安全的宜居城市。

智慧低碳城市的建设和运行，其核心是以人为本，在环境安全的基础上，支撑人类健康生活、快乐人生。

智慧低碳城市应该是由健康的人群、健康的环境和健康的社会有机结合发展的一个健康的整体。

政治稳定，经济繁荣，绿色环保，科学技术先进，物质精神文明，碧水蓝天白云，交通安全畅通，看病不难，教育公平，等等，都是智慧低碳城市的愿景，都需要人类的智慧奉献。

智慧低碳城市环境是城市人文条件和自然条件的总和。城市的不合理设计和过度发展，会导致地域环境和城市内部环境的恶化，不利于大美城市的形成。

从历史、民族、文化的高度，契合当地文化，定位智慧低碳城市的文化属性，有助于建设智慧低碳城市。

城市文化不是外来文化的堆砌或粘贴，不是城市形态、建筑形式的胡思乱想，胡乱作为。

城市文化是围绕地方特色文化，吸收外来文化，在历史的积淀中自然形成的具有地方性、民族性特点的文化形态。文化融入城市，文化支撑城市。

城市不同的建筑形式，结合当地的气候、地理、生活习俗，体现悠久的历史文明，是城市文化的外在表征。

智慧低碳城市要有自己的文脉和自己的文化之源，不能丢了自己的文化之根，选了别人的文化之种。

区域的就是世界的。

结合区域文化特质，以及气候、地形地貌、植被等环境，进行最佳的顶层设计。精雕细琢，进行智慧低碳城市的战略规划，是城市环境安全的前提。

明确城市功能和人口规模，改变城市单一中心结构，以中心城区为核心，以路面交通为轴线，有机结合次级城市中心。各轴线之间以田园、森林相配合，在空间布局上，有利于实现城市环境安全。

城市环境安全取决于人类生存的废弃物排放，与城市的环境容量密切相关。与低密度的空间相比，空间立体化和集约化，使资源能源的利用率更高，排泄物较容易集中处理。

紧凑型城市，有利于城市环境安全，是智慧低碳城市的发展方向。

紧凑型智慧低碳城市的模型是"单元城市"。

笔者提出的单元城市模型，有助于定量分析城市结构、城市生活和城市能源的优化布局，是分布式网络化人类技术发展路线的具体体现，有助于低碳生存，有助于实现城市环境安全。

单元城市，以低碳生存为宗旨，以环境调和为手段，从城市布局、生态流、交通流、信息流、物流、水流、气流、碳流等多个领域，优化城市设计，保证环境安全。

以步行街区空间为单元社区，人口控制在 2～3 万人范围。单元社区内，具有较为完善的公共服务功能，配套智慧低碳的城市基础设施系统。

单元社区，建筑紧凑布局，留出空间用来绿化。保留田园风光、山林湖泊，种植蔬菜果园。合理建设体育馆、学校和图书馆等生活设施。

单元社区，雨水被收集利用，或者通过渗透路面，渗入土壤。结合生态的办法，就地处理污水。处理后的中水就近利用，节约资源。

单元社区，结合建设"智能城网"系统，综合利用太阳能、地热能、风能及其他形式的低碳能源。智慧利用能源。

若干单元社区有机拼接，构成单元城市。

人口约 30 万左右的单元城市，具有自我生存能力。生活、工作，自成体系。土地混合利用，完善水、城市通风环境，智慧交通，低碳出行。

单元城市，高度融合工业自动化、信息智慧化、农业安全化和城市低碳化，四化融于一城。在宜居的城市空间内，实现快乐就业，自产自销，低碳生存。

单元城市，体现"慢生活"思维。人类为了"活着"而生存，不是为了"发展"，更不是为了"革命"而活着。活着，没有必要争分夺秒，大干快上。创造舒适的慢生活节奏，符合人类的动物属性，有助于快乐地活着。

若干单元城市有机拼接，构成较大规模的智慧低碳城市。各单元城市之间以轨道交通相连。大分散、小集中、网络一体的城市结构，有利于城市环境安全。

单元城市，空间布局和建筑设计，没有明显的人工设计痕迹，依势随形。利用自然地形、水流、风向、阳光，依山傍水，追求朴素大美。

单元城市，摒除大拆建、大广场、高架桥、宽阔马路、大公园、豪宅、高楼，阻止平山填海、填农田、毁湿地等不和谐的建设行为。一切自然自得，入乡随俗，顺应风水。自然而然，保护城市环境安全。

单元城市，完善绿化功能。

绿色植被是人类融入环境的载体。种植绿色植被，有利于环境的平衡稳定。绿色植被具有防风、涵养水源、减少噪音、提供视觉享受等多种功能。

绿色植被遮阳蔽阴，降低夏季大气温度，调节大气湿度，改善城市小气候，节能减碳，舒适宜人。

绿色植被是天然的氧气源。对大气污染物有明显的阻挡、过滤和吸附作用，是大气的过滤器和吸尘器，是大气安全的生态屏障。

防患于未然，居安思危，保护生命财产安全，是环境安全城市的首选。绿色植被建设，有利于避灾防灾。

注重建设森林等低碳绿带，对保证城市环境安全，作用非凡。

以环境安全为目的，与城市的人文景观有机结合，建设城市森林，是城市品位的重要标志，可以提升城市魅力。

森林与园林、水、基础设施相互协调，融为一体。林园相映，林水相依，林路相联，保证环境的稳定性和持续性。

城市森林，科学选择树种，满足观赏、遮阳、环保等综合功能的需要，满足人类回归自然的愿望。摒弃不惜工本、大树进城，破坏环境。

古树是城市的历史，也是城市文化的见证。选用长寿命的树种，重视乡土树种。体现地方特色，有利于城市森林丰富多彩。避免单一树种，创造连续的生物栖息空间，助推生物多样性。

另外，城市道路的人行天桥，应该是一个绿色植被空间，一处凉爽的交通通道。增加人行天桥的使用魅力，创造夏天非常舒适的过街通道，有助于低碳生存。

单元城市，完善生态功能。

从生态战略安全的高度出发，保留区域的特色农业生态系统，完善农产品供应链，使农田漫布于城市，促进城市融入环境。

农田、农民、农村，上班、种地、休闲，单元城市的自然生活场景，是城市建设的追求。

蔬菜、粮食可以长途运输，瓶装水可以安全饮用。但是，环境是不能搬运的。

林阴气爽，鸟语花香，清水长流，鱼跃草茂。如此大美之单元城市，梦中仙境。

城市中拥有一块农田，回归自耕的农业文明生活。多么美好，多么惬意！

采菊东蓠下，悠然见南山。单元城市，是展现生活情趣和品位的地方。

单元城市，从整体布局出发，将农田作为城市的"留白"，描绘大美环境。

"留白"是东方传统绘画和书法艺术表现形式的画龙点睛之妙，讲究着墨疏淡，空白广阔。留取空白构造，空灵韵味，给欣赏者以美的享受。

鸟瞰单元城市，美丽大地上的几处"留白"，体现建设者的智慧，提升建设者的境界。

留白，增加绿色植被数量，增强物种和景观的多样性、丰富性，完善单元城市的美学功能。

留白，增加农田的环境功能。农田的环境价值接近于草地、阔叶林、灌木林和经济林。相同面积的农作物吸收的二氧化碳和释放的氧气，优于其他绿色植被。

留白，增加生活情趣。农田是一种自然与人文的复合景观，反映城市所在地区的历史与特色。

留白，是一种艺术创造。结合用地现状，保有原有的水面和耕地的肌理，做一些局部修饰，就是一幅天然的油画创作，增加单元城市的美感。

农田融入城市，城市融入农田。单元城市"留白"是人类环境调和、融入环境的有益尝试，是人类环境调和、融入环境的必然实践。

春天，美丽油菜花；盛夏，玉米青纱帐；秋天，金色稻浪；寒冬，麦苗油绿。这样的城市，美好诱人！

单元城市，完善水系功能。

城市大多沿水而建。许多欧洲国家的首都，均座落于多瑙河沿岸、多瑙河支流以及塞纳河畔。世界级的大城市，伦敦、纽约、东京、上海，都是依水发展。

人类嬉水，涉足水中尽情玩乐。人类亲水，感受水的温暖、水的清澈、水的纯净。人类喜欢和水保持着较近的距离，用身体的各个部位感受水的亲切、水的韵味。

单元城市的水系，应该具有亲水、供水，以及调节洪涝与干旱的功能。

水系调节大气水分，影响城市小气候。水系储存降雨和来水，发挥蓄洪抗旱功能。水系有效地吸收有毒物质，清洁城市环境。水系拥有独特的生物链，是多种生物的栖息地。

河流或绕城蜿蜒而过，或穿城迤逦而行；水系河流密布，水网千家万户；宽阔的河面，船只来来往往；弯曲的航道，游艇穿梭其中。这样的城市，美好而富有动感。

河流可用作水源，可用来排水，可用于缓解城市的热岛现象。河流两侧，湖泊沿岸，种植绿色植被，铺砌花坛，安设路椅，建造凉亭，开辟游艇码头，满足休憩游览。

单元城市水系，切忌裁弯取直，切忌边坡衬砌，切忌人工疏浚，切忌设置橡胶坝。维持原有的天然水系，保留自然的湖面和河道，是保护水系功能的主要举措。

城市有了水，便有了灵性。一寸水面，一条河流，一池坑塘，一处沼泽，一片草滩，都能体现单元城市的美学和生态价值。

单元城市，完善通风功能。

城市需要通风换气。城市通风可以带走城市排出的热量，缓解城市热岛现象。

结合区域主导风向布局街区，调整建筑体型和建筑密度，是加强城市通风的有效措施。

城市通风空间应该连续、流畅，风道两侧的建筑尽量避免有突兀的立面设计，有利于消除城市的大气污染。

单元城市，完善低碳交通功能。

建设大运量轨道交通，用于大区域范围的快速出行。轨道交通是一种低碳交通系统，运营速度高、运量大，封闭运行，不受其他交通工具的干扰和影响。

轨道交通高密度运行，准时、快速、安全、舒适，节省出行时间。

轨道交通运量调节灵活，既可以满足高峰期大客流量需要，也适应较小客流量需要，满足城市近期和远期发展需要。

轨道交通多由电力机车牵引，没有废气排放，减少大气污染。运行平稳，乘车舒适，能耗小，安全率高。

轨道交通与路面交通系统结合，采用信息化技术，建设便捷的交通系统，实时，高效，规范，统一。创造乘客自由选择出行线路的条件，提高路面交通车辆运行速度和路面交通服务质量。

建设快速路面交通系统，将道路、车站与交通枢纽，车辆、线路、收费系统和运营保障系统综合设计，共网运行。有效衔接轨道交通、路面交通、自行车和步行道，实现不同交通方式之间的方便换乘，提高利用效率。

建设新型有轨电车系统。新型有轨电车速度高、噪音低、振动低，对周围环境影响小，舒适度好，可靠，安全，运量适度，机动灵活，投资运量比合理，这些优势结合在一起，有利于低碳交通。

限制小汽车的出行比例，鼓励自行车出行。同时，优先考虑步行通道。

自行车出行是智慧低碳城市的文化符号，昭示城市的文明程度，是低碳生存的具体例证。

自行车出行，方便、健康、环保、节能。骑自行车是锻炼身体的一种方式，增加日常锻炼的机会，促进身体健康。有利于健康出行，低碳出行。

建设自行车专用道，设置自行车交通信号设施，改善自行车与机动车争道的现象，确保自行车的道路通行权，完善自行车出行的安全措施。

建设自行车停车场。在路面交通换乘点，规划提供免费自行车服务，有利于自行车出行。

单元城市的空间布局适宜步行上下班、上学、接送孩子、购物，增加交往机会，增进城市凝聚力。

严格限制小汽车通行。一辆路面公共交通车的载客量是小汽车的 40 倍，而道路占用面积仅为后者的 2 倍。适当限制小汽车出行，可以缓解城市大气污染程度。

拥有小汽车与使用小汽车，是不同的概念。郊游时利用小汽车和上下班利用小汽车，不能在同一个平台上讨论。

通行收费。在交通严重拥挤的时段，车辆收费可以有效引导和调节小汽车的出行，在时空上改变交通流量的分布，缓解交通拥挤，有利于城市环境安全。

区域收费也是一种思路。进入控制地区的车辆应该持有通行证。定额收费，控制小汽车在该区域内通行。

单元城市，建筑是长出来的。

单元城市的空间布局和建筑设计，没有明显的人为痕迹，一切自然而来。

建筑是人类遮风挡雨、提高生存舒适度的栖身空间。单元城市的建筑入乡随俗，顺应风水，融入生态和人文环境。

人类早期在山洞内、树巢上栖身，后来学会建造居住空间，称为建筑。

建筑是人类环境调和手法的创新。建筑需要功能和美学设计。建筑设计不仅是一种技术能力，或艺术创造，更是一种社会责任，是高水准的环境调和。创造适合生活和工作的低碳建筑，是建筑大师的历史使命。

古代，建筑风水学在建筑布局、设计以及建造的过程中发挥重要作用。

建筑风水学的核心是强调建筑要适应环境、融入环境、环境调和。所谓建设的设计水平，从某种意义上说，就是该建筑能否融入当地的特殊环境。

建筑风水学认为，环山抱水，万物皆旺盛发达。

建筑环境学认为，环山的地形可以防风挡沙，必然有益于作物的生长；抱水的地形，在陆路交通尚未发达的年代，有利于运输、用水和改善小环境。两者是一致的。

建立在人类与环境和谐共存基础上的风水理念，贯穿人类文明史，造就不同地域各具特色的城市风貌和建筑文化。

风水，是天人合和环境理念的体现，闪烁着先人的真知灼见。风水，影响建筑形态。

中国西北黄土高原，气候干燥，雨量较少。在穴居的启发下，人类创造性地利用高原有利的地形，凿洞而居，发明了窑洞建筑，冬暖夏凉，是环境调和的典范。

中国窑洞，圆拱形外观，轻巧活泼。门洞处圆拱上方有高窗。冬天，阳光能辐射到窑洞的内侧，增加照明，保持温度。

中国窑洞，因地制宜，就地取材，施工简便，造价低廉；中国窑洞，依山靠崖，妙居沟壑，融于自然，是天人合和理念的具体表现。

中国窑洞，节约土地，节能低碳，具有冬暖夏凉、保温隔热和蓄能之功能。其良好的热工性能，源于土壤温度的稳定性。

在赤道附近，气候炎热，雨量过多。人类在巢居的基础上，发明了高脚屋建筑。

高脚屋是热带、亚热带地区宜居的空间。高脚屋可用竹子盖建，也可以木材为主。高脚屋分上、下两层，上层居住，下层无墙，用于饲养牲口、家禽，放置农具和其他物品。

高脚屋建筑，调和、融入环境，不怕水，免受潮气侵袭，避免蛇、蚂蟥甚至野兽的危害。

可见，地理位置、气候条件和人文背景的不同，世界各地的建筑，呈现出鲜明的地域特征和时代特征。

风水好的建筑，追求功能与节能并存。

建筑用能，约占城市能耗的三分之一。

建筑用能，多与气候有关。应该环境调和，优化能源结构，夏季少用冷，冬季少用热，减少建筑用能。

顺应环境，是环境调和的基本要求，是减少建筑用能的有效措施。反之，在太阳供应地球能源的时刻，却大量利用化石能抵消太阳送来的能源。人类的这种愚蠢行为，是反气候使用能源的典型，应该反省。

建筑是随气候、季节的变化而相应变化的人类栖息空间。建筑拥有生命，是活的生命体，不是"凝固的音乐"。

建筑就像一件人类的外衣。时髦的外形设计是需要的，但基本功能则是挡风保温。遇到寒冷天气，系上纽扣，保暖挡风；天气舒适温暖时，解开纽扣，随风飘逸。

建筑空间，需要根据气候变化，调节环境温湿度。在满足舒适需要的前提下，节能低碳。

建筑的外墙,直接影响建筑空间的舒适度和能源利用。良好的保温隔热性能,有效减少进入室内的气候负荷,减低建筑的能源消耗,有利于建筑节能。

被动式太阳能外墙,构造简单,造价低廉。太阳能透过玻璃进入室内,冬季取暖,夏季促进通风降温。

双层空气幕外墙,安置遮阳设施外墙以及墙体自然通风,都可以获得较好的隔热效果,增强冬季保温性能,有较好的节能作用。

适当选用不同的建筑屋面,有利于建筑节能低碳。

通风屋面,保温隔热性能优异,在夏热冬冷地区应用广泛。尤其是在气候炎热多雨的夏季,这种屋面结构更显示出它的优越性。

蓄水屋面,在屋面上贮水,用来提高屋面的隔热能力。这与在一般的屋面上喷水、淋水的原理基本相同。水的蒸发可以带走热量,洒水、淋水、喷雾都是较好的节能措施。

反射屋面,在屋面喷涂白色或浅色的涂料,或铺设白色或浅色的地面砖。反射屋面的隔热降温作用,取决于屋面层表面反射材料的性质,如材料表面的光洁度、反射率等。

智能化屋面，在屋面安装自动旋转装置，调节室内采光量和控制室内气流。室内安装多种传感器，对室内环境实行监控，并控制屋面的开启度。

绿化屋面，在屋顶植草、种花、种植灌木，再设喷水形成屋顶花园。绿色植被的光合作用吸收太阳热量，改善建筑热环境和大气质量。

神话中的空中花园，可能就是一种屋顶绿化。利用屋顶，进行精雕细刻的园林布置，以优美的园林绿色植被和精巧的亭廊、花架、假山、喷泉、水池等园林建构和雕塑小品，构成美丽的空中花园。

屋顶花园有多种多样。摆设盆景盆栽花草，形成盆景观赏园；设置种植坛和藤架，种植攀援绿色植被和花木；铺垫种植土，植树、栽花、种草；安置桌凳，供人类在楼顶花园观景、交往、休憩。

屋顶花园，要注意建筑承重，增加防水渗透措施，人工调配土壤；尽量选用苗圃培育的树干矮小、树冠较大、水平根系分布广的乔木、花灌木等浅根绿色植被；草皮应选用适应性强、管理方便的草种。

建筑外窗，缓解气候对建筑室内的不利影响，又利用气候来影响室内，低碳节能。

建筑外窗满足采光、日照、通风、观赏等方面的基本要求。具备良好的保温、隔热、隔声性能，有足够的气密性、水密性和抗风强度。提供安全、舒适、健康、宁静的室内环境。

外窗和外门一样，是室外大气与室内空间的接点，是建筑保温、隔热、隔声的薄弱环节，对建筑耗能影响很大。

适当控制外窗的面积、位置和构造，协调采光与热损失的平衡关系，是外窗环境调和的措施要点。

外窗遮阳，遮挡透过窗玻璃进入室内的太阳辐射，改善室内环境。遮挡夏季的阳光，使其不能进入室内，而又不影响冬季的日照。

遮阳有内遮阳和外遮阳。一般来说，外遮阳的效果要比内遮阳好。内遮阳是将已经进入室内的热量，再反射出去一部分；而外遮阳则是将太阳辐射阻挡在室外。

建筑照明，首选利用自然光。

太阳光廉价而无污染，是最重要的自然光源。白天利用太阳的直射阳光和散射光线，使光线进入室内并合理分布，节约照明用电。

建筑朝向及窗户尺寸直接影响日照量。当附近有高大建筑遮挡、日照不足时，可增强附近建筑物的墙面的光反射，使得建筑内部接受到尽量多的自然光线。

外窗是自然光进入室内的主要途径。直射光的方向性较强，可以利用折射或反射的方法遮挡直射光，将光扩散到室内，也可将直射光转化为扩散光，提高自然光的利用率。

建筑绿化，有效降低建筑能耗，提高室内舒适度。

外墙面攀藤绿色植被，具有良好的视觉效果，又可以降温墙面，是建筑环境调和的低碳手法之一。墙面绿化，吸收和蒸发热量，降低建筑物的表面温度，改善室内环境。

垂直绿色植被占地少、充分利用空间，提高环境质量。在阳台、窗台上种植藤本、花卉和摆设盆景，增加建筑立面的绿色点缀，装饰了门窗。使优美的环境渗入室内，增添了环境的魅力。

另外，运用太阳能烟囱、太阳能墙和太阳能大气集热器等环境调和技术，结合建筑结构，形成更有效的自然通风系统，也可以达成较好的舒适环境。

建筑选址、建筑设计、建筑施工以及建筑设备，都与节能低碳密切相关，要统一规划，同步实施。

建筑材料、设备，以及设计和建造等各环节，要有低碳技术支撑，选择低碳的建筑体系。

优化建筑生命周期节能低碳，在建筑设备系统、雨水利用系统、地下空间利用，采用低碳技术的有效集成。量化控制施工废料、水耗和能耗，实施低碳建造。

综合利用智慧工业化技术、信息化技术，个人定制自己喜欢的住宅样式和内部装修要求，积木式搭建住宅是节能的一个方向。

住宅作为一个工业制成品，一切均在工厂制造。没有装修过程，减少垃圾排放，有利于城市建筑工地的环境安全。

环境调和，是多种技术的调和利用，以达到最优化的天人合和。建筑环境调和，就要合理确定目标，综合利用技术，实现建筑全生命周期的用能最优化。

一个时期，一些专家热衷于"零能耗建筑"概念。从技术层面看，零能耗建筑，只能在其低密度情况下才能实现。

建设低密度城市，会导致交通需求量的大幅度增加，降低路面交通系统的效率，增大交通能耗。

零能耗建筑最适宜于远离城市的边远地区。在一些电网不能覆盖的山区或海岛，由于距离远、末端负荷小，电网损耗大，也是发展零能耗建筑的最好场合。

零能耗建筑不可能成为智慧低碳城市的发展方向。在农村地区，零能耗建筑有广阔空间，大有所为。

环境调和，最忌讳各种新技术堆砌。片面依赖高技术堆砌的零能耗建筑案例，不具备推广的价值。

单元城市，完善防灾救灾功能。

人类集中居住在城市，随时都可能遇到断电、断水、断通讯、断交通的窘境。单元城市的结构性特点，有助于城市的防灾救灾。

自然灾害，安全事故，从不同侧面影响了城市安全，又从不同层面考验城市的抗风险能力和应急管理能力。

中国汶川大地震，数万人不幸罹难。一些县城被夷为平地，一些县城损毁严重。

出现重大伤亡的主因是强烈地震，但不恰当的城镇设计、人口布局、交通规划、通讯条件等，也是不可忽视的原因。

恶劣的生存条件，薄弱的基础设施，与高密度人口相结合时，灾难的破坏力会成倍地放大。

火灾、水灾、风灾、地震、海啸，等等，在单元城市设计时要充分考虑应对措施，积极预防风险扩散。

人类不能总是埋怨灾害是"百年一遇"，更应该反思城市建设的初衷，以及城市管理的过程。

建设单元城市，推进环境调和，实现城市环境安全，都是一个渐进的过程。

在单元城市的设计、建设、运行过程中不断地进行知识积累，在经验积累的过程中不断地反思学习，形成思想，有助于环境安全。

环境安全，需要低碳思想。

如果没有对城市历史、城市文化、城市生态、城市建设以及城市运行等进行研究的过程积累，而是采取闹革命的运动方式建设城市，城市环境安全情况出现问题，就在所难免。

创新思维，总结经验，形成思想，指导行动，人类就一定能够通过建设、管理、运行单元城市，在环境调和的过程中低碳生存，在智慧低碳的过程中保护环境安全。

2. 智能城网

　　"环境利用"是人类生存活动的基本需求。智慧利用能源，是环境利用的关键因素。

　　人类利用能源的技术发展，经历了从分散式到集中式、从集中式到分布式网络化、长时期渐进的实践过程。

　　随着智能技术和低碳技术的进步，建设分布式网络化能源系统，逐渐成为人类智慧利用能源的发展方向。

　　分布式网络化能源系统，充分利用信息技术，将区域的产能和用能有机融合，一体化设计布局，自产自销，外网辅助。

　　分布式网络化能源系统，充分利用低碳技术，灵活多样利用各种能源，梯级利用能源品位，减少长距离输送能源的损失，提高能源利用效率和系统安全性。

结合环境调和过程中的单元城市建设，利用分布式网络化能源系统，笔者提出了"智能城网"的能源系统模型。

智能城网，根据适用范围的不同，分别称为社区智能城网、城市智能城网和区域智能城网。

社区智能城网，适用于单元社区范围。

结合单元城市布局，以单元社区为空间，利用低碳技术和信息技术，有机结合微电网、微热网和物联网，整合区域产能和用能，在需要的地点、需要的时刻，以精确的数量，供应所需要能源，满足不同用能需求。

其中，微电网系统由产电设备、用电设备、储电设备、配电设备和网线构成，满足用户的电能需求。

微热网由产热设备、用热设备、蓄热设备、热能输送设备和管网构成，满足用户的热能需求。

物联网由检测系统、分析系统、控制系统和可视化系统等构成，是智慧利用能源的神经系统。

物联网用于监测、统计、分析智能城网的产能、用能和储能的数据，做出判断和控制。优化智能城网的产能、供能、用能、节能和蓄能等不同环节，实现能源的高效利用。

若干社区智能城网并联，构成城市智能城网。

当社区智能城网电能不足时，城市智能城网或其他社区智能城网向其输送电能；当社区智能城网电能充裕时，城市智能城网或其他社区智能城网向其购电。由此维持智能城网的电能平衡。

当社区智能城网热能不足时，城市智能城网或其他社区智能城网向其输送热能。反之，当社区智能城网热能充裕时，城市智能城网或其他社区智能城网向其购热。由此维持社区智能城网的热能平衡。

若干城市智能城网并联，构成区域智能城网。

当城市智能城网电能不足时，区域智能城网或其他城市智能城网向其输送电能；当城市智能城网电能充裕时，区域智能城网或其他城市智能城网向其购电。由此维持城市智能城网的电能平衡。

城市智能城网的热平衡，在其内部进行。

社区智能城网、城市智能城网、区域智能城网，三网互联，构成统一的分布式网络化能源系统。

智能城网用于单元城市建设，利用三网之间互为调节、互为备用的功能，可有效优化能源结构，提高城市能源系统效率，保障城市能源安全。

智能城网，既能满足城市的低碳化、智能化、网络化和安全化的能源需求，又是城市的综合管理平台。

服务城市的综合检测、分析和管理的不同需求，运用大数据、物联网和云计算等新一代信息技术，全面感测、分析和整合城市运行中的各项关键数据，使城市运行和服务更有效，为城市活动和市民提供和谐共处的生存环境。

智能城网是单元城市智慧利用能源领域的有益尝试，是分布式网络化能源系统的代表性系统。

随着技术的成熟，建筑用能和建筑产能、城市用能和城市产能，可以在一个能源系统同时存在。

城市、建筑物从单纯的用能设施，演变成既产能又耗能的综合设施。

城市、建筑物的产能中，太阳能、风能、生物质能，还有建筑本身的势能利用，如电梯运行发电、建筑水系统发电等，多为间歇能源，又同时存在。

城市、建筑物的用能中，电能与热能的要求同时存在，又都是随即可变的用能。

产能与用能共存，间歇能源与随机用能同在，要求城市的能源供应系统应该智慧化。随时、随地、随量地供应能源，保证能源系统高效并安全。

智能城网应运而生。智能城网可以解决城市既产能又用能的技术问题，在单元城市建设中，发挥重要的能源供应作用。

运用智能城网的单元城市，当你上班走进建筑，照明、电梯会自动开启，办公系统会自动打开；空调系统自动判别启动个人空调系统，还是区域空调系统；空调系统自动判别采用改变电能，还是采用热能，调节舒适度；照明系统自动判别改变遮阳装置，或是开启自然光管系统，或是打开局部灯光照明。

下班回家，家用电器已经部分启动。家庭需要多少热能、需要多少电能，这些热能、电能如何获得？利用太阳能系统制热发电，风力发电，还是利用电动汽车的蓄电？启动燃料电池制热发电，还是向外部买电买热、卖电买热？等等，一切都在智能城网中自动运行。

另外，基于数字化、三网融合、物联网、大数据、云计算等应用技术的智能家电产品，推动家电行业研发升级与产品更新，自动监测、自动测量、自动控制、自动调节与远程控制中心通信功能不断完善，人机互动和机机互通达到更高的水平。

智能城网的产能系统，可以接入包括太阳能、风能、地热能、温差能、氢能、生物质能，以及水能、核能、海洋能等，各种各样的能源。

智能城网的微电网、微热网，根据气象参数以及区域的用能情况，明确城市的热能和电能的量化比例，提出产能、供能的优化方案。

对于电力需求，选用何种产电系统，是启动太阳能、风能系统，还是启动燃料电池、蓄电系统，还是网外买电、卖电？

对于热能需求，选用何种产热系统，是采用太阳能系统，还是启动燃料电池、蓄热系统，还是网外买热、卖热？等等，一切均会在智能城网内自动运行。

太阳能可用于智能城网。

太阳能是直接可以利用的热能。利用太阳能集热技术、采暖技术，根据太阳位置，设计建筑物的结构、形态，通过集热、贮热和放热的热力变换过程，用于智能城网。

利用抛物槽式、塔式、碟式等集热系统，将太阳辐射转换为热能，用于智能城网的储热系统。

另外，融合温室技术、烟囱技术、风力发电技术的太阳能烟囱发电系统，太阳光聚焦发电系统等，均可用于智能城网的产能端。

利用光伏电池，将太阳能直接转化为电能，是成熟的太阳能利用技术，广泛用于智能城网。

光伏电池作为智能城网的产能设备，可在任何空间安装、联网使用。光伏电池系统无机械转动部件，无噪声，稳定性好。维护保养简单，维护费用低。

然而，太阳辐射的能量分布密度小，发电效率低，且不能连续发电。光伏电池受季节、昼夜以及气象状况的影响很大，精准预测发电量比较困难。

太阳能是低碳能源，取之不尽，用之不竭。随着技术的发展、转换效率的提高，太阳能会成为人类低碳生存的理想能源，光伏电池作为智能城网的产电设备，大有可为。

应该注意到，虽然光伏电池在发电过程中不产生环境污染，但是，在制造光伏电池材料的过程中，需要消费大量的能源，同时排放大量污染物质。

风能可用于智能城网。

风能是太阳能的衍生品，是一种低碳能源。

风是太阳辐射热引起大气流动的自然现象。由于地球表面接受太阳的辐射量不同，产生大气压差，形成风。太阳光照射水面，水蒸发所产生的大气压差，也形成风。

风的流动所保有的能量称为风能。风能是一种低品位能源，转化为电能，效率不是很高。

风能量大，但密度低。风能利用简单、无污染、可再生。但可靠性差，时空分布不均匀。

风能在城市的最佳利用途径是直接利用。诸如城市通风、建筑自然通风等。

风力发电是风能在智能城网中的有效利用。与火力发电及核发电相比，风力发电不需要燃料、不需要冷却水，可以在农田、海洋，或任何较大的空间中安装使用，并网发电。

风力发电环境效益好，不会产生环境辐射或大气污染。基建周期短，装机规模灵活。但是，风力发电有噪声和视觉污染，发电量不稳定。

如何利用风能，是人类久远的研究课题。风车的利用以及各种风能利用设想层出不穷。

城市风能利用：小型风力发电容易利用较小的城市风力。持续不断的小风，比一时的狂风更适用于风力发电。

风光互补产能系统：将风力发电和光伏电池一体化，多用于道路照明、建筑用能等。

高空风能利用：8000 米的高空，气流强劲而稳定，是理想的空中风力发电场。把风力发电机和风筝设计在一起，悬浮的风筝就可以发电。这是一种技术设想。

大型风光互补产能：一栋高层建筑的 50 米以下空间种植粮食，100 米以下用于居住，150 米以下用于大型风光互补产能系统。利用这些能源同时解决粮食和居住问题，也是一个有益的设想。

风能资源取之不尽。但不要忘记，与太阳能相似，虽然在风力发电的过程中不产生污染，但是，制造风力发电的大型设备，需要消费大量的能源，排放大量污染物质。

另外，在风沙大的地区，不适合风力发电。风电设备受风沙磨损大，使用寿命短，综合效率不高。

生物质能可用于智能城网。

自古以来，生物质能就是人类重要的能源。

采用不同的利用方式，包括广泛利用农作物秸秆、玉米秸、高粱秸、麦秸、稻草、豆秸和棉秆，薪炭林、零散木

94

材、残留的树枝、树叶和木屑，禽畜粪便、生活垃圾以及其他有机质等生物质能，是人类智慧的体现。

利用方式之一是直接燃烧生物质能。燃烧薪柴或动物粪便，用来做饭和取暖，是原始的利用方法。生物质能固化成型燃烧是新技术，用于替代煤炭发电。

例如，将秸秆、木屑、芦苇、稻草等，粉碎压缩成型，成型的生物质能与煤炭等化石能混合燃烧，就可以提高生物质能的燃烧效率，用于供热或发电。

直接燃烧生物质能，其排放的污染物质与化石能的煤炭类似，有可能严重污染周边环境。因此，在智能城网内不推荐直接燃烧生物质能的方式。

把生物质能加工制成相应的燃料产品，适于智能城网中应用。

乙醇、生物柴油都是从生物质能中提取的液体生物燃料，可以替代汽油、柴油等化石能制成品。

粮食乙醇是把粮食中的淀粉转变成碳水化合物，然后再通过酵母发酵，把碳水化合物转变为乙醇。

生物柴油是一种优质清洁柴油，含硫量很低，具有环保性、可再生性和使用方便等特点。

虽然，生物质能燃料制品可以代替化石能的制成品，但是，种植大量的农作物，用来大规模生产生物燃料，可能是得不偿失的技术路径。

现代农作物离不开农药、化肥、水，这些都需要消耗化石能。从能源利用的角度看，种植等量的农作物，所消耗的化石能，可能超过生物质能制成品本身的能量。

比如，用玉米可以大规模生产乙醇。然而，从玉米到乙醇这一过程中所消费的能源，比所得到的乙醇本身产生的能量，高出30%左右。

沼气发电，是生物质能在智能城网中的应用典范。

与风力发电、光伏电池、间歇性发电系统相比，沼气发电可靠性高、质量好。作为智能城网的产能设备，沼气发电可以发挥重要作用。

沼气，最早是在沼泽中发现的可燃气体，因而得名。

沼气是生物质能在厌氧条件下，经过微生物发酵生成的可燃气体。沼气以甲烷为主要成分，燃烧后生成二氧化碳和水。

沼气的原料来源广泛。人畜粪便、秸秆、杂草和不能食用的果蔬等，都可以生产沼气。

结合大中型畜禽养殖场废弃物的排放治理，建设大中型沼气发电项目，是沼气在智能城网中利用的一个方向。

中国每年生产约 6 亿头猪。简单计算，每 2～3 头猪沼气发生量，可以满足一个人的生活用热需要。养猪场的生物质能，加上养猪场空间产出的太阳能、风能，基本可以满足 2 亿人的生活用热需要。

把大型养猪场的排泄物，结合工业、农业或城镇生活中的有机废弃物，生产沼气，进行发电和产热。再加上养猪场空间所产出的太阳能和风能等，组成智能城网，可以作为附近城镇生活用能的能源系统。

沼气发电，集环保、节能于一体。不仅解决城镇垃圾的处理问题，还回收利用垃圾中的能量，节约资源。

此外，沼气发酵过程同时产生的沼气残液，是优质肥料，可用于农业生产。所产生的沼气残渣，是一种优良有机肥，有土壤改良功效。

把生产沼气、沼气产能设备并入智能城网，是生态农业和循环经济的一个发展路径。

温差能可用于智能城网。

地热是一种温差能。

地下热能可分为深层地热和浅层地热。深层地热，是地球内部放射性物质裂变所产生的能量。地表浅层地热，主要是土壤所储存的太阳热量。

梯级开发、综合利用，最大限度提高地热利用效率，是地热利用的基本方针。

中高温地热，可用于发电。其原理与火力发电相同。地热发电，不需要庞大的锅炉设备，不需要消耗化石能。

地下的热水和蒸气，通过管道输送，可以直接用于建筑物取暖、空调。温室种植蔬菜、水产养殖、禽类孵化、水稻育秧，都是利用地热的路径。

地热发电和地热供热的设备，都可以并入智能城网。

水是一种温差能。

夏季，地表的水的温度比大气温度低，利用水源热泵，可以带走建筑物内部的热量；冬季，水的温度比大气温度高，利用水源热泵，可以带走建筑物内部的冷量。

大规模利用湖面、河流等地表水温差，从理论上可以节约能源。然而，长距离、大量地取用地表水用于节能，要考虑换热装置结垢、腐蚀、过滤器堵塞，以及其他成本和经济性，应充分论证。

城市污水所蕴含的热能，是可以开发和利用的能源。城市污水，水量、水温稳定，利用价值高。城市污水处理与污水温差能相结合利用，是值得推荐的城市污水综合处理系统。

大气是一种温差能。

空气源热泵以室外大气为热源，是大气温差利用的成熟技术。广泛应用于建筑空调系统，节约能源。

另外，建筑排风的热量，一般通过热回收装置加以利用。空调热回收装置分为显热回收和全热回收两种。

显热回收是利用新风和排风的温度差，回收排风中的显热能量；全热回收是利用新风和排风的焓差，回收排风中的能量。

浅层地表是一种温差能。

地表浅层的温度，冬季比环境大气温度高，夏季比环境大气温度低。地表浅层温差是优质的可再生能源。

在地下 2 米处，年平均温度波动为 10℃左右。地下 8 米处温度，在一年的周期里，基本保持不变。

人类在远古时期，就会利用天然洞穴来遮挡风雨、御寒暑、避敌兽。距今 6000 年以前，就有人工挖掘的居住洞穴，从简单的袋形竖穴到圆形或方形的半地穴。

窑洞是洞穴的一种。土壤温度稳定，热容量大。窑洞建筑具有冬暖夏凉、保温、隔热、蓄能的特点，是人类环境调和、环境利用的成功范例。

地下建筑也是洞穴的一种。虽然在照明、通风方面增加了部分用能量，但与地面建筑的采暖和空调用能量相比，节能性和经济性是显著特性。

浅层地表热能在智能城网中的应用设备，主要是地源热泵。冬季，地源热泵利用浅层地表的高位热能，对建筑室内供热采暖；夏季，通过地源热泵将建筑内的热量转移到地下，对建筑室内进行空调降温。

相对于空气源热泵，地源热泵成本较高。但由于地源温差大于大气温差，地源热泵运行效率高，节能效果明显。

地表浅层能源无污染且可再生，无论是热带地区还是寒带地区均可使用。地源热泵的埋地热交换器不需要除霜，高效运行。

利用地源热泵，应注意全年的冷热量平衡。地下埋管的表面积，只对其周围有限的地下空间发生作用，热交换的面积不大。

如果年冷热量不平衡，能量积蓄在埋管周边，就会导致地下埋管周边的温度逐年升高或降低，影响地源热泵的使用效率。

地热，以及空气源热泵、地源热泵、水源热泵等高效利用温差能的设备，可以大规模应用于智能城网。通过智慧调控的措施，实现智能城网的低碳、高效和安全的效能，有利于低碳生存。

氢能可用于智能城网。

氢能在智能城网中的应用案例是燃料电池。

在燃料电池中，氢与氧发生电化学反应，释放电能和热能，排泄出水。氢与氧的反应过程，不涉及燃烧，能量转换效率很高。

燃料电池最初应用于航天工业，现已作为移动式能源以及固定式能源使用，相信有广泛的发展前景。

固定式燃料电池，排气干净、噪音低、对环境污染小、可靠性及维修性好，作为智能城网的产能设备，应该得到重点推广。

以天然气为燃料的家用燃料电池，同时提供电能和热能，其综合效率可达95%，是未来家庭中重要的低碳能源系统。

燃料电池的效率稳定。不管负荷大小，燃料电池均能保持高效运行。作为社区智能城网的基干型产能设备，发挥重要的作用。

燃料电池用做移动式能源使用的案例是燃料电池汽车。燃料电池汽车是电动汽车的一种，续驶里程长，低温冷启动性能好和能量补充快，运行平稳，无噪声，污染小。随着成本降低、基础设施的完善，燃料电池汽车进入市场的步伐将大大加快。

水能可用于智能城网。

水能是太阳能的衍生品。太阳辐射蒸发水，形成水的循环。把水从低处搬运到高处，创造出水的势能和动能。

水力发电就是利用水的势能和动能进行发电。一般来讲，水能转换为电能，需要兴建水坝，提升水的势能和动能。

水力发电机组效率较高而且启动、操作灵活。利用水力发电承担区域智能城网的调峰、调频、负荷备用和事故备用等作用，有利于提高区域智能城网的综合效益。

水力发电，往往是综合利用水资源的一部分。修建水坝形成人工湖泊，兼有防洪、灌溉、航运、给水以及旅游等多种效益。

水力发电是利用水流所携带的能量，无需再消耗其他动力资源。而且上级电站使用过的水流仍可为下级电站利用。

水力发电比火力发电、核发电具有更大的优势。水力发电是低碳能源。水能取之不尽、用之不竭。水力发电的过程没有污染。水力发电的成本较低，可以提供较为廉价的电能。

但是，水力发电需要修筑大坝等大型工程。投资大、周期长，受自然条件的影响较大。大坝淹没上游水域，造成淹没损失、生物栖息地的细碎化，破坏生物多样性。

同时应该注意，修建大坝需要的钢材、水泥和机械，以及修建的过程，都需要耗费大量的能源。

化石能可用于智能城网。

化石能是人类现代最主要的能源。化石能物质多位于地下，或海洋深处的岩石层中，是远古时期生物质能的地下储藏。

化石能储量丰富、易开采、易储存，经济价值高，单位体积能量大，随着化石能开采利用技术的提高，化石能作为智能城网的主要能源，有广阔的利用前景。

化石能分为固体、液体、气体三种形式。固体的煤炭，在利用过程中污染环境最为严重，液体的石油次之，气体的天然气，对环境污染的程度较低。

化石能的利用方式主要是燃烧。燃烧化石能时，不可避免地要排放污染物。如何高效清洁地利用化石能，是人类利用能源的重大研究课题。

煤炭是化石能的一种，在地球上的储量巨大，利用广泛。煤炭是典型的高碳能源。

燃烧利用煤炭，容易造成环境污染。改进煤炭的燃烧设备和燃烧方式，减少烟尘排放量，安装除尘装备，降低烟尘排放浓度，是重要的煤炭利用措施。

煤炭燃烧，会排放大量的二氧化硫。在煤炭燃烧以前，或在排放的含硫烟气或废气进入大气以前，通入吸收剂和吸附剂去掉硫氧化物，会大大减少二氧化硫的大气排放。

煤炭燃烧，会排放大量的二氧化碳。捕获、储存、利用二氧化碳，是稳定气候变化的重要措施之一。

改变煤炭利用形式，可以有效减少污染物排放。煤炭的液化、气化是其主要的技术发展方向。

煤炭液化是改变煤炭形态的一种方法。在高温高压和催化剂作用下，对煤炭催化加氢裂化，使其降解，加氢转化为液体油品。

煤炭液化可将硫和其他有害元素以及灰分脱除，得到洁净能源。对优化能源结构、弥补石油不足、减少环境污染具有重要意义。

煤炭气化也是改变煤炭形态的一种方法。煤炭液化形成的气体，燃烧洁净，二氧化碳排放量大大降低。煤炭气化是具有广阔前景的能源转换技术。

石油是远古时期的海洋生物质能，沉积在地下所形成的化石能。如果石油不能穿过岩层流动，而是被截留在岩层中，就称为页岩油。

页岩油开采，是将岩石压碎，高温加热，然后用大量水冲洗，从岩石中提取石油。

如果地下被埋藏的生物质能温度过高，石油将转化为天然气。天然气是一种多组分的气态化石能，存在于油田、气田、煤层和页岩层。

天然气不需要精炼，就可直接利用。天然气燃烧无废渣、废水产生。相较煤炭、石油等化石能，天然气安全、热值高、友好环境。

天然气也比大气轻，一旦泄漏，立即会向上扩散，不易积聚形成爆炸性气体，安全性较高。

页岩气是从页岩层中开采出来的非常规天然气。

页岩气分布范围广、能够长期地稳定生产，但开采难度较大。随着世界能源消费的不断攀升，包括页岩气在内的非常规能源越来越受到重视。

可燃冰是存在于海洋沉积物中的甲烷气体。

可燃冰不稳定，当可燃冰被提升至地表时，压力下降导致甲烷逸出，很难开采。开发可燃冰的技术正在研发，至今处在小规模实验阶段。

天然气热电联产系统，是智能城网产能的主要设备。

另外，燃料电池的天然气直接利用，会有效提高化石能的利用效率，减少煤炭和汽油利用的大气污染。

当然，天然气跟煤炭、石油一样会产生二氧化碳。天然气不是低碳能源。

核能可用于智能城网。

核发电是利用核裂变所产生的能量进行发电。核发电系统是将火力发电系统的锅炉，替换成核反应堆。其他设备和系统，与火力发电系统相似。

核能是核物质裂变、聚变、衰变过程中所产生的能量。人工利用核能是人类伟大的发明创新。早期，核能主要用于战争，后来，核能在发电领域被广泛利用。

核燃料体积小而能量大。1千克铀释放的能量，相当于2400吨标准煤释放的能量。

大型燃煤发电，百万千瓦的机组每年需运输煤炭约300万吨，还要运走灰渣。同功率的压水堆核发电，一年仅耗铀几十吨。运输成本极低，运输造成的环境污染小。

核发电的最初投资高于燃煤发电，但是，核燃料的生产成本低于煤炭，运输成本、环境成本也不高。核发电的总成本低于煤炭发电。

核发电安全性强。从第一座核电站建成以来，全世界投入运行的核电站达400多座，基本上运行安全。日本福岛的核电站事故，也是超大海啸和人为因素的叠加作用。

随着环境危机的蔓延，核发电是可以期待的清洁低碳能源。核发电运行过程，不排放温室气体、颗粒物和其他有毒气体。

不可否认，核发电有极其危险的一面。万一发生核泄漏，后果不堪设想。运输、制造核材料，也有可能产生核辐射。另外，核废料具有放射性，应该安全储存万年以上。

核发电不能盲目开工建设，需要考虑的因素众多。要加强核科学相关研究，慎重推进核电站选址、核发电系统和核发电安全等领域的技术发展。

在智能城网中，核发电可以作为基础能源使用。加强"单元核电站"的研究，有利于核发电在智能城网中应用。

单元核电站是安装在一个密闭空间内的小型核电站。万一核反应堆有核泄漏，密闭的空间不会影响外部环境。

单元核电站可以作为城市智能城网的基础能源站，结合其他低碳能源的利用，为单元城市供应电能和热能，减轻人类对化石能的高度依赖。

核能装置的小型化、单元化，是一个发展方向。实际上，核潜艇用的核能发电，就是一种单元核电站。

早在 20 世纪中叶，美国军方就设想在海外军事基地建造单元核电站，为 2000 人的小城镇或相应的军事基地提供能源。

这种单元式核电站，方便在任何地点组建。设想，如果漂浮在海洋中使用，就会有效减少地震的破坏力。

利用核聚变反应，制造"人造太阳"，也是一种设想。稳态运行的核聚变反应堆，如能投入商业运行，将提供人类无限的、洁净的、安全的能源。

当然，核聚变发电技术要求严格。超大电流、超强磁场、极端温度等高端技术，挑战人类的智慧。

海洋能可用于智能城网。

海洋面积占地球表面积的 71%。受到太阳、月亮的吸引，以及地球自转、太阳辐射等因素的影响，海洋中存在巨大的能量，称为海洋能。

海洋能是低碳能源。一般包括潮汐能、海浪能、海流能、温差能和盐差能等，海面上空的风能、海水表面的太阳能，以及分布在海洋里的生物质能，也可以称为海洋能。

潮汐能，海洋涨潮和落潮过程中产生的势能。潮汐落差大于 3m，就具有利用价值。潮汐能主要用于发电，是技术相对成熟、利用规模较大的海洋能。

海浪能是蕴藏在海面波浪中的动能和势能，主要用于发电。温差能是表层海水和深层海水之间的温差能，主要用于发电。盐差能是海水和淡水之间的化学电位差能，主要存在于河流的出海口附近。海流能是海底水道、海峡的海水流动所产生的动能，利用方式主要是发电。

温度差能、盐度差能和海流能等较为稳定。潮汐能与潮流既不稳定又无规律。

另外，海洋上空大气流动所产生的动能是海洋风能。海洋上风力比陆地大，方向单一，发电效率较高。

海洋能在海洋中的总体数量很大，但是，单位能量较小，大规模在智能城网中应用，有一定的困难。

海洋能利用，其本身对环境污染影响很小。在条件合适的地区，可以将海洋能源用于智能城网。但要注意，建造海洋能利用设施，需要消耗大量能源。

城市、建筑的产能，可用于智能城网。

在建筑外表面安装光伏电池，或用光伏电池取代外围护结构，将建筑表面接受的太阳光能转化为电能，直接用于智能城网。该系统利用建筑围护结构表面，无需新增用地，节省空间资源。

日照最强时智能城网中使用负荷最大。光伏电池系统发电量也最大，缓解电力高峰需求矛盾。光伏电池组件处于围护结构外表面，吸收并转化了部分太阳能，减少建筑室内的热，降低空调负荷。

光伏电池与建筑饰面材料结合，降低光伏电池的应用成本。建筑产能，自产自销，减少电力输送过程的电力损失。

太阳能建筑一体化系统，受昼夜、晴雨、季节的影响，但是，综合投资小、运行维护费用低、发电量分散，适于智能城网并网发电。

节能也是产能。调控建筑设备的节能系统，是智能城网发挥作用的重要渠道。

建筑设备系统节能，关键是根据负荷的变化，相应提供品种对应、品位相当、数量精准的能源。

变风量、变水量、变冷媒量等，"应变"是大部分建筑设备节能系统的主要工作原理。当然，系统的可视化，系统的数据统计、分析、应用也是建筑系统节能的重要措施。都可以在智能城网中实现优化控制。

智能城网中，储能系统不可缺少。

在区域智能城网中，抽水蓄能电站是常用的储能设施。

抽水电站设有上、下两个水库，利用智能城网负荷低谷时多余的电能，将低处下水库的水，抽到高处上水库储存。待负荷高峰时放水发电，上水库的水排放在下水库储存。

蓄电池广泛应用于社区智能城网。蓄电池是将化学能直接转化成电能的装置。充电时利用外部的电能使内部活性物质再生，把电能储存为化学能，需要放电时再次把化学能转换为电能输出，维持智能城网的微电网稳定。

电动汽车可以直接作为社区智能城网的储电设备应用。电动汽车在智能城网用电符合低谷时充电，可以有效平衡智能城网的微电网系统。

水蓄能可用于社区智能城网。把智能城网负荷低谷时多余的电能，制造冷水，存储在蓄水池中，在智能城网电能负荷高峰时，使用储存的冷水进行空调。蓄能调峰。

同样，利用智能城网负荷低谷时多余的电能，制造冰，存储起来，在智能城网电能负荷高峰时，使用储存的冰进行空调，称之为冰蓄能。

水蓄能、冰蓄能技术都很有特色，可以维持智能城网的微电网系统稳定，节能低碳。

另外，利用智能城网负荷低谷时多余的电能，制造氢气，在负荷高峰时，用氢气产能供应智能城网，理论上是可行的。但在实践中应该充分论证，综合能源效率是否具有经济可行性，值得认真研究。

智能城网是智慧利用能源的高效能源系统。同时，智慧城网的信息系统，可以广泛用于水、大气、土壤、生物环境的安全调控，以及有效利用各种资源。

智能城网是智慧利用能源的范例，代表着分布式网络化技术在能源领域应用的发展方向。智能城网可以优化城市运行管理和服务，是智慧低碳城市的重要组成部分。

3. 垃圾自理

人类在环境调和、环境利用的过程中，有意无意、不知不觉会扰乱、破坏局部环境。人类在生存活动中，或多或少，都会产生排泄物，垃圾污染环境。

保护环境安全的最终关口是环境保护。

七伦道推荐"垃圾自理"的环境保护理念，对于人类生存活动所产生的垃圾，诸如固废、污水、废气等，要用中医的思维方法和概念，不治已病治未病，统一规划，综合治理。

要遵循垃圾自理的观念，就地综合处理，就地再生利用。垃圾自理，与环境调和、环境利用密切配合，构成人类低碳生存的基本路径。

垃圾自理，有利于环境调和、环境利用，有利于实现低碳生存、保护环境安全。

传统的环境保护概念，以处理已经发生的垃圾、修复已经被破坏的环境问题为标的，局部思维，就事论事，采用西医动手术摘除肿瘤的方法，修复环境。

七伦道提倡的垃圾自理概念，从整体思维出发，反思人类生存活动的全程，并研判未来走向，提出人类的行为规范。从防止出现环境问题入手，源头控制、环境保护。

比如，对于化肥、农药、杀虫剂等造成严重的农村环境面污染，就有不同的思维方法和技术手段。

一是用"动手术"的思维，研究用什么技术措施消除这些污染现象。一是用"治未病"的思维，研究推广有机农业，减少化肥、农药、杀虫剂等化石能衍生品的使用，通过植被配置、调整村落布局的方法，从源头上遏制污染，垃圾自理。把污染区域修复成生态示范区。

环境保护，不单纯是一项技术，也是一门艺术。需要顶层设计，整体布局。

从总体考虑，杜绝奢侈消费，优化能源结构、高效使用能源，减少化石能利用量，是环境保护的根本措施。

环境是一个有机的生命统一体。环境保护，就像人类医治疾病。人类医治疾病，一般有两种思路和途径。

一种思路是以西方医学为代表，局部有病，局部处理，动手术，割除肿瘤。头疼医头，脚痛医脚。

一种是以中华传统中医为代表，局部有病，全身诊断，整体应对。以限制肿瘤扩大为主，手术为辅。

环境保护，如果采用西医的动手术之策，局部污染，局部修复，虽然能很快修复被破坏的部分环境，但由于环境的统一性，一处的局部修补，可能成为另一处遭到破坏的原因。

在城市，一个交通路口发生拥堵，不能仅对该路段进行扩宽工程。而应该从城市路网的整体考虑，采用疏堵结合，以疏为主的方法，会事半功倍。

同时，从城市布局出发，分析这个路口为什么出现拥堵。如何调整城市布局，可以从根本上消除拥堵，等等，预防为主，治未病，从根本上解决问题。

局部切除手术，或者挖东墙补西墙，都不是环境保护的好办法。中医思维的不治已病治未病之策，是环境保护的秘方之一。

中医，源自 2000 年前的中国秦汉时期，是中华传统文化的璀璨明珠，《黄帝内经》是其鼻祖教义。

《黄帝内经》揭示了自然界事物产生、发展、变化的客观规律，总结出一整套反映客观物质世界的辩证思想体系，奠定了中医基础。

《黄帝内经》指出，所有自然现象均来自环境，要从大环境系统观念出发，整体地看待现象，解决问题。

《黄帝内经》强调个体性、特殊性。推荐对症下药、整体调和、非对抗性治疗的思想。

《黄帝内经》不仅教导人类怎么医病，同时，教导人类怎么才能不生病、少生病。明确提出治未病是保持不生病、少生病的良方。

治未病，是中医的精妙之处。只有对人体的生命规律有深入的认识和把握，才能做到防病于未显现之时，把疾病扼杀于萌芽之中。

《黄帝内经》强调，治疗疾病的对象是患病的人，而不是人患的疾病。这正是中华医学与西方医学的根本不同。

遵从中医理论思维，是解决环境问题的根本途径。环境保护不是垃圾处理本身，而是根除垃圾产生的根源。

七伦道认为，环境保护应该运用中医理念，从环境的整体性考虑。适当调控人类数量，限制奢侈消费资源，是环境保护的主要措施之一。

人类借助于聪明的头脑、直立的姿势和勤劳的双手，突破了地球上其他动物物种的生存规律，种群数量以惊人的速度增长。

1万年前，地球上约有500万人。公元1年，达到3亿。1650年工业革命初期，世界人类人口数量5亿。2013年，突破70亿。预计2050年以后，人口将在80亿左右徘徊。

随着人类人口数量的急剧增加，衣、食、住、行、乐、康、寿等人类的生存活动，就会消耗更多的地球资源，排泄更多污染物质，反过来，严重威胁人类的生存环境安全。

人类以前焚烧薪柴，获取能源利用；将废水直接排入河流，排泄污染物；防火烧毁原始森林，用于生产粮食，等等，这些行为都没有对环境造成太大损害。

其主要原因是古代人类数量稀少，这些污染均在环境容量的限度以内，环境可以消化。

当人类人口数量到达 70 亿，乃至 90 亿的时代，人类就不能这样做了。否则，地球的环境容量肯定不能承受如此沉重负担，环境就会受到严重破坏。

地球不会长大，地球承载废弃物的环境容量有限。环境容量已经成为人类生存的稀缺产品。人类应该从根本上思考如何低碳生存活动，才能在有限的环境容量下，保护环境安全。

人类有很强的环境创新能力。以前，人类的创新对象是如何环境利用。种植粮食、发明机器，修筑水坝、建设城市，深海捕鱼、使用地下化石能，改良生物基因、提高粮食产量，等等。

这些创新的结果，养活了更多人类生存。更多的人类生存，又需要更多的创新行动。当创新生存活动所排放的污染物超出环境容量限制时，环境就会受到破坏，反过来威胁人类生存。

人类有较强的适应环境能力。当一种资源枯竭时，人类总能寻找其他的途径，来获取或代替这种资源。人类应该把适应环境的能力和创新的能力聚焦在如何环境保护领域。不能等到环境遭到破坏时，再来行动。

适当控制人类数量增长，有利于环境安全。

如果每对夫妇平均少生一个孩子，对家庭影响并不大，对地球环境的影响却非常惊人。

反过来，人类如果不能控制种群的急剧膨胀，突破地球的环境承载力极限，人类的物理性减少将可能重现。

14 世纪，欧亚大陆传染病导致大约 7500 万人死亡，相当于该地区人类人口数量的一半。第二次世界大战，超过6000 万人死亡，这是人类历史上最惨烈的为了争夺资源而进行的战争。

人类计划生育的同时，应该限制一部分人群的奢侈消费活动，鼓励简约生活、低碳生存。

同样的人类，富裕人群购买的商品数量是贫困人群的几十倍，人均能源消耗量相差几十倍。这不公平。

如果，全人类达到发达国家现在的资源消费水平，需要增加几个地球的资源。这不可能。

适当控制人类人口数量，限制奢侈消费现象，垃圾自理，循环利用资源，修复、再生环境，是环境保护的综合措施。

固废是人类生存活动的废弃物，应该垃圾自理。

城市固废垃圾，对环境污染的贡献度很大。这些垃圾都来自地球资源，本身就是资源。

减量化、资源化、无害化、就地化，是城市垃圾处理的方向。源头减量、利用物质、就地处理、利用能量、无害化填埋，是城市垃圾处理的基本流程。

垃圾源头减量，源于简约生活。改变生活习惯，是垃圾减量的重要手段。减少消费，就可以减少垃圾产生的数量。

改变产品生产习惯、改变消费者消费习惯、改变商业销售习惯，就可以减少生产、流通、使用过程中的资源浪费与废弃物产量。

固废大多是可利用的资源。一些固废经过处理后，可以重新制作成其他产品，再次流通使用。

把垃圾直接循环利用，或通过物理转换、化学转换以及生物转换等过程，实现物质的重复利用、再造利用和再生利用，是人类的智慧体现。

垃圾能量回收利用，是把垃圾的内涵能量转换成热能、电能，供人类使用，包括垃圾发电、供热，以及热电联产。

燃烧值较高的垃圾进行高温焚烧，生产高温蒸气，推动涡轮机发电。不易燃烧的有机物，通过厌氧发酵处理来产生沼气，沼气发电。

现在，直接焚烧垃圾获取能量的办法，是垃圾能量利用的主流技术。应该注意，垃圾焚烧过程中容易产生二噁英。二噁英是最毒的有机污染物，其生殖毒性、发育毒性、免疫毒性都很大，是已确定的环境内分泌干扰物。

改进焚烧装置，高效、节能、低造价、低污染，是垃圾焚烧技术的发展方向。

将垃圾装入密封的容器，在高温、高压下进行热化学处理，回收能量，也是垃圾利用方法之一。

垃圾气化生成的混合气，可以用来发电和产热。垃圾经过高温分解，转化为固体原材料，用于制造活性炭、液态油、可燃气体等产品。

餐饮的有机物垃圾、下水污泥等，都是比较稳定的生物质能。有效利用这些生物质能，污水处理厂、垃圾处理厂都有可能变为城市的能源供应中心。

不能进行物质利用和能量利用的垃圾，以及能源利用后的垃圾，要进行无害化填埋处置。

一般垃圾填埋，会产生垃圾填埋气体，主要成分是甲烷和二氧化碳。两者都是重要的温室气体，如不经过利用处理，会影响气候变化。

垃圾填埋场设置气体收集装置，将垃圾填埋气体进行脱硫、过滤、脱水、增压等处理，用于发电。这种无害化处理和资源综合利用相结合的技术，有利于环境安全。

有句话说，垃圾是放错地方的资源。不对！不是垃圾放错了地方，而是人类把垃圾处理厂放错了地方。

一些大城市的垃圾处理厂，往往设在远离中心城区的地方，垃圾就很难成为可利用资源。

垃圾产生地，与垃圾处理地，超过 50 千米以上。每天上万吨的垃圾要运出去，占用道路，消耗能源，危害环境。在远离城市的地方处理垃圾，垃圾所产生热量很难就地利用，造成能源浪费。

垃圾处理场的布局，不是一个简单的城市环境问题。也是一个社会问题，处理不当，会直接影响社会稳定。

更新观念，把垃圾处理厂建在垃圾产生的地方。垃圾自理，公平合理；垃圾就近处理，减少运输量，节能减尘；垃圾处理所产生的热量，就近直接使用，提高热利用效率。

同时，在市中心地区设置垃圾处理厂，垃圾就近处理，提高产生垃圾人群的低碳生存意识，有助于减少垃圾排放，提高垃圾处理水平。

固废垃圾自理，是环境保护的发展方向。

废气是人类生存活动的废弃物，应该垃圾自理。

减少废气是防治大气污染的有效方法。根本措施仍然是智慧利用能源，减少污染物排放量，控制污染源。

减少交通量，使用没有污染排放的电动汽车，以及节能的混合动力汽车，可以有效减少交通的废气排放量。

混合动力汽车是减少汽车废气排放量的范例。

混合动力汽车整合小型内燃机、电动机和蓄电池为一体，用智慧的方法，提高化石能利用效率。

其发电机把汽车刹车过程中损失的机械能转变成电能储存起来。在需要时，用电动机代替燃油发动机，用电力减少燃油量，减少化石能的废气排放。

与纯燃油汽车相比，混合动力汽车需要的燃油较少，排出的污染气体减少，污染环境的程度降低。

优化城市布局，在城市中心，设置慢生活区域，限制汽车的通行量，有利于减少排放量。

同时，合理安排城市的工业布局和城镇功能分区，有利于减轻城市的大气污染。

加强绿化，调节气候，阻挡、滤除和吸附灰尘，吸收大气中的有害气体。

加强局部污染源的管理。烟囱、废品堆放处、垃圾箱，都是局部污染源，应减少数量，限制散发有害气体。

一时，高烟囱是减少城市大气污染的思路。高烟囱有利于排气的局部扩散和稀释。但这种以扩大污染范围为代价，减少局部污染的办法，要谨慎应用。

汽车高速行使，在某些局部地区，会产生扬尘污染。汽车携带路面的尘埃飞扬，造成局部大气污染。

减少汽车的尘埃飞扬，汽车尾气管道角度设计有改进的空间。采用平行于路面的汽车尾气排放口设计，会大大减少扬尘污染。

人类餐饮习惯不同，饮食烹饪过程中，会产生大气污染。在某些地区甚是严重。应加强研究烹饪过程中热量的有效利用，以及排烟的综合处理。

作物秸秆在农田内焚烧，以及焚烧森林开垦土地等的生物质能的燃烧，会造成大面积的大气污染。

要研究从技术上消除秸秆焚烧的可能性，研究如何收割才能不利于焚烧，怎样利用秸秆才能给农民带来更大的经济效益，以及还田技术等，从源头上让秸秆变废为宝，资源再生，环境保护。

热岛现象是一种城市热污染现象，影响城市中心地区的大气质量。

热岛现象，引起大气在市区上升，在郊区下沉，形成循环性城市大气流动。

热岛现象，使城市在夏季更加闷热，工作效率降低，给人类生活和工作带来不利影响。高温造成供水、供电、医疗紧张，增加建筑用能和建筑排热，恶性循环。

热岛现象，形成近地面的暖气团，新鲜大气进不来，有害气体排不出去。烟尘、二氧化碳、汽车尾气等污染物在城区长时间滞留，形成雾霾，诱发多种疾病。

热岛现象，导致气候、物候失常，在局部地区上空形成乱积云，下暴雨，引发洪水，造成山体滑坡和道路塌陷等城市灾害。

消除热岛现象，要从城市布局入手，完善城市通风、城市绿化以及水域设计。分析影响城市热环境要素，建立城市热环境模型，优化城市设计。

适当控制城市中心的人口密度、建筑物密度。形成树木成荫、成林、成片、成景，碧水蓝天的绿色城市，控制城市热岛现象。

对建筑体形，包括平面、剖面和立面，以及建筑外部空间的合理设计与组织，选择适当的建筑体形、朝向和建筑群布局。建筑物要做隔热和遮光处理，尽量提高墙面反光率，降低建筑吸热率，提高空调系统效率，节能减排。

市区路面要进行保水性、透水性铺装。建设道路绿带、河流绿带等城市绿廊。夏季，绿廊引凉风入城，消除城市部分热岛；冬季，树林可以减低风速，发挥防风作用。

绿地植被以乔木为主，乔灌草结合，各类植物科学合理搭配，构成多层次的植物群落，提高绿量。

屋顶绿化潜力大，是城市绿地的空间。

增加城市中心区域水面，增加水面蒸发量，降低大气温度，阻止城市热岛现象。

城市通风是城市热岛现象的天敌。加强城市通风的研究和实践，可以有效缓解城市热岛现象。

气候异常变化，是人类在生存活动中排放的二氧化碳改变了温室气体的浓度，所造成的一种大气污染现象。

减少温室气体排放，是减轻地球气候异常变化的手段。同样，智慧利用能源，低碳生存，是有效减少温室气体排放的根本措施。

除此之外，固碳是减少温室气体排放的措施之一。

把二氧化碳收集、重新利用，将减少碳排放和物质有效利用相结合。垃圾自理，就地利用，是一个两全其美的技术思路。

森林可以固碳。

森林是陆地上最大的生态系统。减少原始森林破坏，人工造林，增加森林面积，等等，都有助于固碳。

城市森林对改善城市环境和固碳均有重要作用。城市森林与城市布局结合，与城市园林、城市水体、城市基础设施融为一体，建设林园相映、林水相依、林路相联的单元城市，有利于固碳。

采用碳捕集和碳封存技术，固碳并再生利用二氧化碳，是垃圾自理的典范。

其技术思路是，把火力发电厂，及其他发生源的二氧化碳，在排入大气之前，捕获、储存下来，并加以有效利用。

含碳废气在排放大气之前，通过胺液吸收其中的二氧化碳，并在适当的地方加热胺液，释放二氧化碳用于储存。

二氧化碳可以储存在岩石、海洋或碳酸盐矿物质中。将二氧化碳注入盐水层或煤炭缝隙等气体无法逸至表面的场所，也是可行的办法。

被捕获的二氧化碳可以用于石油开采等生产过程，把二氧化碳变废为宝。

利用二氧化碳养藻，更是一举多得的资源再生的措施。

微藻是最原始的低等植物，生长较快。广泛分布于海洋、湖泊、河道，以及各种地表水域。微藻能有效地利用太阳能，把水、二氧化碳和无机盐类物质转化为有机资源。

采收微藻，通过一系列加工过程，可以制取生物柴油、微藻色素和微藻蛋白等生物制品。

微藻没有根、茎、叶的区别，整个植物就是一个简单的叶状体。微藻无法在土壤中种植，然而，在水体可以轻易种植微藻。

微藻含有蛋白质、脂肪和碳水化合物等，以及其他人类所必需的营养元素，是未来人类向海洋索取食物、药品和燃料的重要载体。

微藻榨出的藻油，可以替代化石能精炼出来的汽油和柴油，甚至还可以充当航空燃料。

榨油所剩的微藻藻泥，通过发酵技术，生产甲醇、乙醇以及其他以酒精为基础的燃料。

把捕捉、储存的二氧化碳用于养藻，微藻用于改良土壤，土壤增产粮食。这种综合型环境再生系统，是七伦道所倡导环境保护的基本思路。

环境保护不仅是防治污染，利用污染物为人类提供服务、再生资源也是主要内容。

污水是人类生存活动的废弃物，应该垃圾自理。

污水处理不当，严重造成水污染。消除水污染，要有整体性观念。从节约用水开始，节能减排，保护大气、土壤的环境安全，是消除水污染的综合路径。

节水是大事情。水在人的生命过程中发挥积极作用。人类需要洁净的水，用来饮用和清洁，用来满足其他生存活动的需求。

用水不是消费，是人类的基本权利。

但是，水是有限的资源。水的输送、处理、使用、再生，都需要消费大量能源。节水是节能减排的重要措施之一，应该引起高度关注。

保护水清洁，比治理水污染要容易。充分利用信息管理系统，结合智能城网的应用，智慧保护水圈安全是环境保护的重要手段。

有效利用雨水，是节水的措施之一。

降水是水循环的关键路径，降水可以提高水的势能，可以净化水体。过去，直接利用雨水是人类生存的基本措施。

今天，通过屋面雨水集蓄系统、雨水截污与渗透系统、生态小区雨水利用系统等，可以收集利用雨水。

将雨水和污水处理所产生的中水混合，喷洒路面、灌溉绿地、冲刷厕所等，作为城市杂用水使用，是城市水资源可持续利用的重要措施。

同时，完整的雨水利用系统，可以有效调节雨水径流的高峰流量，减少区域洪涝灾害的危险。

雨水资源独特，是水资源自产自销的主要载体。有效利用雨水，是低碳生存的表征之一。

污水再生，是节约用水的途径。污水处理，有物理分离、生态处理以及化学反应等多种方法。

实时采集、存储、分析水处理系统的运行数据，可视化集中管理，智慧处理污水，积极利用中水，是污水再生技术的发展方向。

提高污水处理效率，强化污水处理设备系统的节能降耗，是污水处理的基本要求。

如果水污染不太严重，污染物毒性不大，应该考虑采用生态净化的污水处理方法。

湿地是净化污水的生态系统。湿地中的有机物，可以过滤污水的污染物。微生物分解污水的富营养物质，缓解水体的富营养化程度。

湿地生态系统除了净化污水，还可以储蓄洪水，作为水源。另外，湿地是许多生物的栖息地，拥有独特的生物链。人类应该保护湿地。

在小型的生活污水处理中，采用分散式生物处理系统是值得推荐的。该系统具有湿地的部分功能，利用生物对污染物进行高效降解，实现生活污水的就地、就近处理，符合垃圾自理的环境保护理念。

另外，要注意保护地下水，防止地下水污染。

地下水流动缓慢，污染物进入地下水后，很难像河流或湖泊那样，冲走或稀释污染物。被污染的地下水很难接近，对处理地下水污染增加了难度。

海洋是地球上最大的水体，保护海洋是重要的环境保护措施。

海洋表面积占地球表面积的 71%，为水蒸发提供巨大的太阳能接受面积，在水的循环体系中起着主导作用。

海洋是地球上生物量最多的场所，海洋植物创造了丰富的食物能源，海洋提供人类丰富的资源。

海洋是人类废弃物的接收站。

海洋巨大无比，会隐蔽、稀释或消除所有人类生存垃圾。但是，如果人类排放的废弃物数量，超过海洋的自净极限，海洋会受到污染，严重影响人类生存。

各种化石能衍生品，如液体的洗涤剂、化肥、农药、杀虫剂，以及各种固体废弃物、气体废弃物通过不同渠道，最终大部分都会进入海洋，污染海洋环境。

保护海洋应该从陆地做起。

土壤污染是人类生存活动的废弃物所致，消除土壤污染，也应该从源头考虑，垃圾自理。

保护土壤，就是要创新耕作方法，少用化石能，就是要少用化石能的衍生品，包括化肥、农药、杀虫剂等。

土壤品质决定人类食品的安全性。低碳化耕作方法有利于土壤安全。使用动物粪便和生物有机质肥所产生的有机肥料，是保护土壤、修复土壤功能、维持土壤肥力的首选。

土壤污染，具有隐蔽性和滞后性。治理污染土壤通常成本较高、治理周期较长。重金属对土壤的污染，基本上是一个不可逆转的过程。许多有机化学物质的污染，都需要较长的时间才能降解。

土壤污染一旦发生，仅仅依靠切断污染源的方法则往往很难恢复，有时要靠换土、淋洗土壤等方法才能解决问题，其他治理技术可能见效较慢。

如果大气和水受到污染，切断污染源之后，通过稀释作用和自净化作用，有可能消除污染。

但是，积累在污染土壤中的难降解污染物，很难靠稀释作用和自净化作用来消除。

防治土壤污染，首先是控制和消除土壤污染源。统一规划农、林、牧、工各业的空间布局，使土壤生产力与承受力相适应。

根据土壤的特性、气候状况和农作物生长发育特点，配方施肥，控制化肥的使用范围和用量。改善土壤肥力、土壤生产力以及环境景观效益，综合利用土地，是保护土壤的根本措施。

保护土壤，就要避免污水直接灌溉。工业废水种类繁多，成分复杂。有些废水本身可能是无害的，但与其他废水混合后，可能就变成有毒的废水。在利用废水灌溉农田前，应进行净化处理，避免对土壤的污染。

保护土壤，就要合理使用农药、化肥、杀虫剂。不仅要控制化学农药的用量、使用范围、喷施次数和喷施时间，提高喷洒技术，还要改进农药剂型，严格限制剧毒、高残留农药的使用。

保护土壤，就要增加生物措施。结合适当的工程措施，增施有机肥，提高土壤有机质含量，增强土壤胶体对重金属和农药的吸附能力。

消除土壤污染，就要清除土壤中的污染物，控制土壤污染物的迁移转化。种植有较强吸收力的植物,降低有毒物质的含量。

消除土壤污染,就要摸清土壤污染场地现状,建立土壤污染基础信息管理系统,加强土地再开发利用的环境监管,开展严重污染土壤的治理修复。

加强耕地环境监测和风险评估,强化土地复垦环境管控,加快构建资源整合、权责明确的土壤环境管理体系,是保护土壤的政策措施。

地球的生物多样性遭到破坏,其根源是人类生存活动所致。保护生物多样性,也应该从源头做起,规范人类生存活动,减少对生物的破坏。

每一种生物,都是生物链上的一个环节,缺少一个环节,都会影响其他的生物生存。生物多样性是人类生存的先决条件。人类应该学会与其他生物和平相处,保护动物、植物、微生物。

森林、湿地,是生物多样性的载体。填海造地运动的兴起,泥质滩涂都被各种填海工程所填平,剩下一点无法填埋的河口，勉强成为部分鸟类仅存的栖息地。

水质污染，鱼类难以生存。单一种植农作物，破坏植物多样性，等等，生物多样性正在人类生存活动的巨大阴影下，处于危险之中。

改变人类生存方式，简约生活、低碳生存是保护生物多样性的有效措施。

另外，留存生物基因，也是保护生物多样性的一种方法。

联合国在挪威北部的靠近北极的小岛上，建设一个种子库，保存世界各地不同的作物种子 83 万多种。其目的是在生物多样性发生严重危机时，快速繁殖一些有能力抵御气候变化的作物，保护生物多样性，维持人类生存。

这里储存的作物种子，延续人类的农业历史。小麦、大麦、玉米、高粱、珍珠粟、茄子、鹰嘴豆和花生，以及黄秋葵、苋菜、吊兰和麻锦葵等等，应有尽有。

联合国种子库代表着长期、可持续、有效的保护人类食物链的思路，是保护生物多样性、维持人类生存的最后一道防线。

联合国种子库高级管理人员的一句话，很是发人深省：最期望这里永远不要发挥作用。

现在，779 个世界文化遗产中，还没有联合国的种子库的位置。相信有一天，这个种子库必将成为其中的一员。

这个文化遗产中，同时包含精神遗产，那就是，人类应该低碳生存，保护生物多样性，绝不要让这个联合国种子库发挥作用。

治理环境污染，垃圾自理，有利于垃圾再生利用，起到一石多鸟的综合作用。

环境保护的基本路径是：整体思维，综合考虑，统一修复环境，再生利用资源。

大气净化、污水处理、垃圾自理，各种措施有机结合。

垃圾减量、再生利用，生物保护，各种手段环环相扣。

土壤修复、化肥减量、种子保护，各种方法综合运用。

三、七伦道行动方案

低碳生存，需要明确人类行为准则。

低碳生存，应该从我做起，常怀"根雕心态"，健康生活、快乐人生。牢记"寡欲、禁烟、戒酒"三大戒律，慎独修身。

低碳生存，应该建立高效政府，制定严格的行为规范。建设"无我社会"，助推低碳生存，保护环境安全。

低碳生存，应该国际合作，加强环境理念认同，推进人类共同行动。理念认同，源于思想沟通，源于不同民族的人文交流。

留学是人类思想文化沟通的桥梁。支持留学事业，帮助留学生发挥作用，是推进全人类低碳生存、保护环境安全的捷径。

1. 根雕心态

低碳思想是人类实现健康生活、快乐人生，低碳生存、保护环境安全的指导思想。

健康生活、快乐人生，是人类实践低碳生存的过程。健康生活、快乐人生，应该从我做起，慎独修身。

心理健康、身体健康、长寿健康，是健康生活、快乐人生的三大部分。三者相扶相助，支撑人类低碳生存的过程。

心理健康，有助于低碳生存。

健康，不仅是没有疾病或体弱。健康是一种生理、心理与社会的和谐统一体。

简约生活，有助于心理健康。

简约生活是人类低碳生存的基本要求。减少物质消耗，是最基本的低碳生存措施。

简约，是一种追求简单、自然的思想观念，艰苦朴素、勤俭生活的精神风尚，是一种健康的心理状态。

简约，是一种素质，一种责任，一种公德，映衬一种高尚的人格精神和良好的生活习惯。

有德者皆由俭来。

不知勤俭节约为何物，以奢侈豪华为时尚，以浪费物质为身份炫耀，是不自信的表现。

脱离实际需求，盲目攀比，非理智地过度消费，是不负责任的表现。

购物仅仅是满足刷卡时的快感，快闪式消费，是不成熟的表现。

简约生活，道理简单。但是，真正实践简约生活，需要做出一些牺牲。

低碳生存，意味着一定的牺牲精神。当然，这种牺牲是有益的，会得到环境安全的温馨回报。

减低物欲是简约生活的前提。

物欲，是人类生存的正常现象。但是，物欲不应当无限度地放纵，而要受到一定心理限制。物欲应该受到道德规范的制约，应当按一定的道德标准去取舍、彰显。

人类的物欲是没有穷尽的。一时满足一个物质欲望，往往会产生下一个更加强烈的物质欲望。人生永远停留在物欲的路上，是心理不健康的表现。

精神追求是心理健康的表现。当精神欲望得到满足，瞬间有一种在黑暗中得到光明的心理快感。

人类无度追求物欲，从大处说，增加资源消耗，破坏环境安全；从小处说，直接影响身心健康，每天生活在不愉快的阴影中，不是健康生活。

地球资源，能够支撑亿万人类的生存，但不能满足一个人的奢望。地球环境容量有限。人类不能无度消费资源，自毁家园。人类应该量地球之能力，规范自身行动。

过度的物质追求、为财富所累，应该被摒弃。过度的物质财富是生活的束缚，只能带来生存的痛苦。

所有生物，为了生存都会抛弃多余的物质束缚，轻装生存才能轻松永续。人类是动物界的翘楚，应该明白，物质累赘，不利于快乐人生。

如果探寻世界上的每个事物的价值，只为回答"值多少钱"；其生存目标就是为了在最短的时间内获取最大的物质回报。这样的生活，人们将充斥着无休止的贪婪，不利于心理健康。

人类大量使用地球资源，是环境危机的根源。减少资源利用，会有效减轻环境污染，保护环境安全。

富裕地区、富裕人群的住房面积减少一个平方米，地球将减少使用大量的水泥、钢材和能源。这些材料的制造、运输、使用过程，会释放大量的二氧化碳和粉尘，影响气候变化，污染环境。

况且，富裕人群减少一个平方米的住房面积，减少一个小时的开车时间，调整节能的室内舒适度，并不影响其本身的生存过程。

住不在奢华，适居为好，低碳为上。

衣不在时尚，温暖为好，简约为上。

食不在珍馐，营养为好，健康为上。

懂得人类存在的价值，摆脱无谓的物质欲望，淡泊明志，宁静致远，享受快乐人生，有利于低碳生存。

心理健康，有助于快乐人生。

快乐人生，贯穿衣、食、住、行、乐、康、寿等人类生存活动的全过程。快乐人生，是低碳生存的实践过程。

快乐人生取决于心理健康，取决于懂知足、多感恩、奉献社会的基本思想。

知足，并非不思进取，而是不要奢求。追求心理正常欲望，是人与生俱来的本能。但若无休止地奢求，则是一种心理疾病。

知足可以带来心静。心静自然，乐在其中。心理安宁，快乐相伴。人的能力是有限的，很多事无能为力，过犹不及，徒添烦劳。

知足是一种智慧。常乐是一种境界。常怀知足之心，摒弃非分之念。活着，就是一种生理满足。活着，就应该心理快乐。

知足常乐。只有知足，才能快乐。只有适可而止，才能避免祸患。如果永远在奢求的路上，就永远没有快乐相伴。

感恩，有助于知足。

人类是浩瀚宇宙中的尘埃。在环境的呵护下，与其他生物相映成趣，自由繁衍生息，应该感恩地球、感恩环境。

感恩社会，是快乐的诀窍。一杯清茶，一朵玫瑰，一份牵挂，一句问候，一个关切的眼神。真诚对待别人，必然快乐自我。

感恩社会，是人生获得快乐的境界。从感恩中，平衡心态，稳定心理；从感恩中，促进社会和谐。感恩，必将得到社会的回报，促进心理快乐。

感恩、知足，奉献社会，助人为乐。

帮助他人，贡献自己的时间、体能和热情，对方会从心底感谢你的真情，获得快乐。

助人的过程，给别人带来快乐。助人的结果，是接受别人快乐的感染，自己获得快乐。

要想真正快乐、受到社会尊敬，就应帮助别人，奉献社会。好人永远快乐。帮助需要帮助的人，是人生快乐的源泉。

奉献社会、帮助别人，可以得到社会尊重。来自社会的尊重是人类的追求，尊重来自奉献。

人类是群居动物，群居形成社会。奉献社会，为社会和谐、人类生存做出力所能及的贡献，是人类的最高境界，可以带来高层次的快乐。

生命的价值在于奉献，而不在于消费资源。奉献是一种精神，奉献不分大小。点滴做起，涓涓细流，汇聚成保护环境安全的巨大力量。

简约生活，低碳生存，尽自己微薄之力，为和谐社会创造条件，必然会得到社会的尊重，满足快乐人生愿望。

有奉献之心，就会有"放下"之举。平和心态，学会放下，乐在其中。

放下，就是不太在意财富、地位和名誉。过去的已经过去，未来的努力争取。不为物累，自由身心，欣赏环境的美景，享受人生的快乐。

学会放下，是一种生存的智慧。放下过去，放下现在，放下未来，轻装上阵。不要得意忘形、失意沉沦。应天顺地，努力今天，必然会得到社会的尊重，快乐人生。

学会放下，事业必然有成。有成，需要长期的努力和积累。需要积累的过程，更需要过程的积累。

俗话讲，富不过三代。也可以讲，富必经三代。

不断进取，经过三代人的努力，一个家庭、一个国家或一个地区，才有可能取得期望的成果，得到社会承认，获得一定的社会地位和尊重。

不思进取，吃老本，啃祖宗，一个家庭、一个国家或地区，过不了三代人的时间，必然失去社会地位，被多数人所否定，丧失已有的尊重。

这是人类社会的定律，称为"百年过程"。100 年左右的时间，一个家族，一个国家，或从弱到强，或由强变弱。

宇宙间的万事都经历"产生—发展—消亡"的过程。不必太在意，不必心太急。

当今，东方逐渐崛起，西方走向衰落。世界万物的变化过程均适用"百年过程"的定律。

天若有情天亦老，人间正道是沧桑。

放下即乐。

常存"根雕心态"，是心理健康、快乐人生的秘诀。

老树根，被人赏识时，摇身一变，成为根雕艺术品。摆在接待厅内，显主人情趣高雅，美化生存环境。由此，老树根获得一个舒适的空间。应该感恩、应该知足。

老树根，经过长期的学习积累过程，以及过程的积累。有品位、有内涵，但是，不娇气、不自满，不需要浇水，不要求施肥，不给主人添麻烦。明白放下、明白尊重。

老树根，当主人失去兴趣时，原形尽显，就是一个垃圾。然而，适当的垃圾处理方式，老树根又可以变为生物质能，为人类贡献余热，最后发一点光芒，何乐而不为。学会奉献，快乐生存。

快乐生存，不是增加财富，而是降低物欲；不是奢侈追求，而是知足常乐。感恩，知足，放下，奉献。

身体健康，有助于低碳生存。

身体不健康，自身受痛苦，给人添麻烦。身体久病，影响生存质量；身体久病，增加他人负担。

生病，住院，良好的医院服务，上等的药品用品，都是消耗大量化石能的产物。不生病、少吃药，身体健康，是低碳生存的具体体现。保持身体健康本身，就是对环境安全的重要贡献。

劳逸结合，有利于身体健康。

身体是一架运动的机器，需要减负和保养。工作、学习、运动、小憩、睡眠、度假等等，有意识地合理安排，掌握生活节奏，有利于劳逸结合。

休息，是生物的生命规律，是生命的重要过程。休息是工作，工作也是休息。没有休息，人体不能成长，没有休息，工作没有效率。

从事有兴趣的工作，本身就是一种积极休息。减少工作和学习的负担，松弛心理压力，减轻疲劳，恢复精力。积极生活，积极休息。

自知之明，是一种积极休息。生活压力适中，力所能及，才能劳逸结合，积极工作，积极休息。

适量运动，有利于身体健康。

生命处于运动之中。适量运动，调节身体内的组织系统，均衡减压。适量运动帮助心血管系统更有效地运转，让呼吸更自如、轻松，让心脏和肺功能得到加强，有利于氧气输送和营养吸收。

适量运动，促进心理健康。不管年龄、性别或体格，适量运动都会改善心情，减少压力和焦虑，增强自信心。悠闲地散步，就会感到快乐和轻松。

适量运动，促进良好睡眠，提高工作注意力。控制体重，缓解慢性病，改善亚健康。

人类的生存压力，是破坏身心健康的元凶。不论何时何地、或多或少，人类都存在生存压力。如果得不到及时释放，可能会诱发亚健康。

调养精神，适量运动，饮食有节，起居有常，不妄劳作，顺应天时，防患于未然，避免亚健康。

适量运动，离不开环境。躲进空气污浊的健身房，夏天耗冷，冬天耗热。跑步机上的运动，只会吸收室内污染，消耗地球资源。

适量运动应该采用低碳方式。

在田野间、树林中慢跑，无需特殊的场地、服装或器械。清晨或傍晚，在公园里散步，享受空气浴。大脑得到休息，精神得以调节。

禁烟，有利于身体健康。

吸烟有害健康，增加大气污染，消耗不必要的环境资源。烟雾不但危害吸烟者身体健康，还会造成他人被动吸烟，危害他人的身心健康。

大部分烟草中的致癌物会随烟雾扩散，这些烟雾的危害远高于 PM2.5。长期暴露于二手烟，相当于轻度吸烟造成的损害，应当避免。

烟草的烟雾发散、滞留在室内墙壁、家具、衣服、头发里，其中的重金属、致癌物、辐射元素，可在室内滞留数天至数月，持续产生健康危害。

吸烟后抱孩子、照料老人，衣物、皮肤和头发上都是二手烟、三手烟，对呼吸疾病患者、婴幼儿和老年人有很大的不利影响。

吸烟，是人体肺部疾病的主要诱因。吸烟有百害而无一利。

戒酒，有利于身体健康。

酗酒有害身体健康，浪费资源，不利于社会和谐。

酗酒可导致慢性酒精中毒，易引起胃炎、胃及十二指肠溃疡、脂肪肝等疾病，增高咽喉、食道、口腔、肝、胰腺等部位癌症的发病率。

酗酒扰乱心安，影响身心健康。心安是健康的前提，心安是长寿的保证。

酗酒是社会的不稳定因素。酗酒者情绪易激动、乱发脾气、判断力控制不佳、易与人发生冲突、对外界刺激敏感，有高犯罪率。

酒类是毒品的一种，酒精中毒易产生焦虑、抑郁情绪，产生酒精依赖。越喝越想喝，获得饮酒的瞬间快感，恶性循环，影响身体健康。

酒类原料多来自粮食。酿造酒类，需要若干倍的粮食消耗，浪费粮食，破坏环境。

少量饮食低度果品酒类，有一定的健身作用。而酗酒是健康的死敌。

禁烟、戒酒，劳逸结合、适量运动，是人类健康生活的秘方。身体健康是低碳生存的行为，身体健康，直接贡献于环境安全。

健康长寿，有助于低碳生存。

健康属于个人，长寿属于社会。延长健康寿命是人类的追求，是社会的关注点。

健康长寿的人生，有利于人类文明传承，有利于社会和谐，有利于低碳生存。

动物"生长壮老已"，植物"生长化收藏"，生物都有生命周期。人类的生命周期是生、老、病、死。生与死不以人的意志为转移。但是，人类总是试图延缓老的速度、缓解病的程度，推迟死的日期。

少生病或不生病，是人类生存的最佳路径。减少疾病的发生，缓解疾病的程度，延长健康的生命长度，有助于实现快乐人生。

道法自然、和谐心态、低碳养生，有助于治未病，顺其自然、简约生活、勤劳好动、宜居环境，有助于延年益寿。

养生，是先人为抵御严酷的自然环境，调整体力，减少疾病，防治疾病的一种手段。养生是保养生命、促进健康、延长寿命的方法。

养生是一门文化，养生也是一门学问，是对生命历程的管理。人类要顺时养生。顺应四时的变化，适环境、调阴阳，延年益寿。

多感恩，懂知足，修身养性，是一种智慧人生的表现，是健康长寿的良方。知足常乐，常乐无忧，无忧心不烦，心不烦则神不扰，神不扰则精保。养生之道也。

养生要避免突发的、强烈的或长期的精神刺激。养心、静心，少欲、少怒，少好、少恶。平和的心态，促进长寿健康。

饮食对于长寿健康具有非常重要的作用。要会吃。清清淡淡，汤汤水水，热热乎乎。

清清淡淡，少油少盐。诱发肥胖和高血压的危险因素中，油盐摄入过量是重要的膳食因素。

汤汤水水，降低食物的能量密度。控制摄入的能量数量，有利于控制体重，减少疾病。

热热乎乎，肠胃感觉舒适。中医主张，食用过烫的食物会损害消化道，而过凉的食物同样也会妨碍消化。

会吃，也要少吃。在长达百万年的生命史中，大部分时间，人类处于饥饿状态。人类的身体组织基本适应饥饿的过程。吃得太饱，影响健康。

当然，营养不足，身体也会生疾病。然而，发达国家和部分发展中国家的部分人群，正在遭受吃得过饱的折磨。

新陈代谢症候群、免疫力降低、过敏、免疫系统疾病、癌症等各种奇怪的疾病出现，病因多为饮食过度所致。

肥胖，不但是成年人的问题，在小孩子中间也逐渐成为问题。来自医生的忠告：少吃多动。

数量少一点、质量好一点，品种杂一点、食物热一点，吃得慢一点、晚餐早一点，都是人类的饮食智慧。

禁烟、戒酒、寡欲，是低碳生存的基本规约。

人类应该慎独修身，约束自身行为，遵循规约，为了自身的健康生活、为了环境安全，遏制欲望，循规践行。

健康生活、快乐人生，重在慎独修身。公共场合积极践行低碳。独处时，更应该践行低碳。

慎独，是衡量人类道德水准的试金石。

在独自活动的情况下，凭着高度自觉，遵守规约，是一种情操，一种人生修养。

低碳生存，从我开始。

2. 无我社会

低碳生存是人类生存方式的重大改革。

江山易改，本性难移。

工业革命以来，某些地区已经形成、某些地区正在试图形成"大量生产、大量消费、大量废弃"的生存体系，影响人类的生存方式。

某些人群在这个生存体系中，以环境的主人自居，以奢侈消费为乐趣，且已经形成惯性。改变人类的惯性思维、惯性行动，绝不是一件容易的事情。

人类的改革有多种类型。经济改革、社会改革、政治改革，等等。

经济改革是鼓励赚钱，比较容易。社会改革是要把某些人群挣来的钱，分给别人一部分，相对较难。政治改革要把既得利益和权力拿出来共享，很难。

人类生存方式的改革，难上加难。钱、权，都是身外之物，抛弃一部分虽有疼痛，不至于伤及本质。

生存方式的改革，是改变已经形成的本性。没有强大的外力作用，改革很难进行。

政府是人类生存方式改革的外力所在。创新低碳环境理念、明确低碳行为规范、制定低碳行动方案、鼓励全民参与低碳，等等，都需要政府的引领。

低碳生存，需要高效政府。

高效政府，有能力维护社会稳定，助推低碳生存。

群居是高级动物生存的主要形式。人类的群居，形成社会。社会由人类进行有效地治理。

先人认为，国家是群居社会治理的有效形式。今天，地球上存在二百多个国家。国家稳定，国民就能健康生活；国家之间和平相处，世界就能相对和平。

国民健康是环境安全的基本要求，世界和平是环境安全的基本前提。

国家稳定，需要一定的生存地理空间。

国家稳定，需要高效政府、法治精神和民主监督等三者的有机统一。

国民有权选择高效政府，国民有权对政府表达不满，国民有权参加制定行为准则，国民有权监督政府运行。

国民监督政府，需要完善法律体系和监督程序。法律体系和监督程序的建立，前提是要有高效政府。否则，民主监督就成为无从监督、无为监督、无章监督，扰乱国家稳定。

高效政府治理国家的依据是法制体系。权力主导、国民参与、全民遵守的法律体系，是保持稳定治理国家的基础。

国家稳定、低碳生存的基础是高效政府。

高效政府组织民众参与制定法制体系，政府依法治理国家，国民依法监督政府，良性循环。

古代，中国是一个富有竞争力的国家，原因之一是由科举选拔而产生的文官，直接参与帝国管理，形成一个高效政府。今日，中国能够崛起，也是因为有一个高效政府。

反之，一些地区乱象丛生，民不聊生。主要原因是没有产生强有力的高效政府。没有高效政府，就没有优质民主。

没有稳定的国家和社会，低碳生存就无从说起。

然而，高效政府如何产生，至今没有找到明确答案。

革命制，禅让制，推荐制，选拔制，选举制，推荐加选举制，等等。各有所长，各有所短。

良好的制度模式有待于实践的过程检验以及过程的不断实践。但是，建立良好制度模式的方向已经明确：因地制宜，尊重历史。

生存方式的改变，应该充分运用人类几千年积累的伟大智慧，借鉴历史，选用好的制度模式。

民惟邦本、政得其民，礼法合治、德主刑辅，为政以德、正己修身，等等。这些执政的理念和行为，有助于建设高效政府，有助于推进人类低碳生存。

国家稳定、低碳生存的前提是平等分配资源。

人类生存需要地球资源。取得资源，有两种途径：一是平等分配现有资源，简约生活；二是开发利用新资源，增量消费。

低碳生存的本质，要求人类实行第一种资源分配途径。限制部分人群的奢侈消费，体现平等精神。第二种方式会引发无限度地开发资源，破坏环境。

资源或者财富的人均占有，关系到人类与环境的友好关系。人类的资源或财富占有，不能富寡悬殊。在一定的范围内，进行合理的平等分配，有助于人类低碳生存。

应该明白，地球资源是生态圈的共同财产。不能仅仅由人类，更何况是其中部分人群的超需要消费。

提案：允许部分人群超需要地占有资源，但不能奢侈地消费资源。

这样的提案，肯定有反对的声音出现。这不是反对资本发挥作用，扼杀创新、阻碍进步吗？

且慢，请冷静地想一想，人类的生存真的需要所谓的创新，真的需要进步吗？

作为一个动物物种，人类的终极使命，仅仅是履行在环境中物质的代谢作用。也就是说，人类生存的本身，并不需要创新，也不需要进步。

如果创新是为了低碳生存，无可厚非。如果创新是为了更多、更快、更方便地消费地球资源，促进部分人群奢侈享受，则应该反对。

这样的创新人类不需要，由此带来的进步也是人类的灾难。

遗憾的是，人类的创新大多集中在后者。看似有用、实则有害的创新，长期困扰人类的生存。

原始社会，人类没有能力创新，也没有所谓的进步。结果，地球太平无事。人类虽然数量有限，但并没有灭种。山清水秀，绿意匆匆，生态稳定。地球呈现绿色。

农业生产是人类进步的象征。人类学会使用工具，学会开荒，学会种植。结果，局部环境发生危机。地球呈现黄色。

工业革命是人类的大创新、大进步。煤炭、石油、天然气，水能、核能、生物质能，地下、地上的一切资源全都被开发利用。

创新，高楼林立，道路纵横，南水北调，人工环境，地球成为一个大工地。人类创新和进步所带来的污染，从地下到太空，从土壤到水中，严重破坏环境。

创新，人类正在失去好山、好水、好天空的环境，环境污染威胁人类的持续生存。地球呈现黑色。

创新，使得部分人群在所谓的省时技术方面取得巨大进步。然而，这类人群从来没有像现在这样感到：闲暇时间是如此有限。

创新，互联网提供了海量的信息。人们在网络上拥有几百个好友，建立起全新的亲密关系。但是，这些数字化的朋友活动，往往导致人类与社会的隔绝。

网络正在摧毁人类文明最了不起的能力：写作。写作是人类学习的过程、思考的平台，是真正的思想创新。网络将人的灵魂变成一件劣质的商品，不会人类交流，没有欢笑和快乐。

无谓的创新、进步，使得大部分人群活得很不开心。

另外，地球的颜色，从绿色到黄色，运行了几千年。从黄色到黑色，只有 200 多年。

黑色地球的恶果是可怕的。最危险的后果可能还没有完全显现。在人类尚不明白的领域，人类可能正在遭受环境的自然报复，人类生存危机四伏。

20 世纪是地球严重变黑的 100 年。一个世纪，人类人口数量增长 4 倍，能源消耗增长 13 倍。反过来看，增加 13 倍的能源消费，仅仅满足增加 4 倍的人类人口数量。

人类太不合算了。如果没有工业革命，人类缺少创新，也没有很大进步，会有什么结果？

答案：人类数量会少一些，地球环境会好一些，大部分人群活得会轻松一些。

请注意，增加人类人口数量，并不是人类的生存目的。也不是生物系统为人类分配的数量指标。

增加人类人口数量，不会给人类带来任何正面效益。反而，增加人类生存的负能量很大。

如果，创新和进步仅仅是为了养活新增的人类人口数量，还不如人类有意识控制生育，将人类人口数量控制在合理的范围。

为了合理地分配资源和财富，应该扼杀一些瞎折腾的创新，阻碍一些有害的进步。

人类少一些创新、慢一点进步，也不完全是坏事情。

高效政府，有能力推进"无我社会"建设，平等分配资源。

无我社会的核心是"我的财富大家所有"。

我的是大家的。平等财富，人群之间就缺少你争我抢、攀比消费的动力。有限的资源就有可能合理地得到分配。资源的消费量会大量减少，减轻环境容量的压力。

平等财富，利于世界和平，减少资源争夺，保护环境安全。人类数量剧增，贫富差距拉大，国家治理不稳、世界秩序混乱，加剧人类争夺资源的纷争。

纵观历史，横读现实，人类的所有战争都是为了争夺资源。争夺资源的过程，都是大规模的环境破坏行动。

平等财富，可以稳定社会。每个区域、每个国家，人人都能安居乐业，减少因资源分配不均而发生的内乱和纷争。

平等财富，部分人群就没有必要占有大量资源，没有必要炫耀奢侈生活方式，没有必要挖空心思去进行破坏环境安全的所谓创新。

当然，创新是人类与生具有的本能。人类应该聚焦平均分配资源、低碳生存的创新领域，努力进步。

努力政治创新，创造平等分配资源的社会规范，建设无我社会。

努力创新技术，环境调和、环境利用、环境保护。

努力社会创新，推进无我社会建设，稳定国家治理。

无我社会强调"我的大家所有"，共产社会强调"你的大家所有"。虽然在实现大同社会的目标上一致，但理念和方法是不同的。一个是自愿，一个则是强取。

高效政府，有能力制定政策，推进农村的低碳生存。

农村，既是能源消费者，也是低碳能源生产者。

农村的低碳生存，就是推进农业和农村节能减排，优化能源结构，降低农业资源污染，转变农业发展方式，减轻环境压力，加快农业发展。

在畜禽粪便、秸秆及能源作物，太阳能、小风能、小水能综合利用，农村生活污水处理，以及农村地区烹饪等领域，加大政府支持力度，助推低碳生存。

高效政府，有能力制定政策，推进城市的低碳生存。

在城市化、信息化、网络化的综合平台上，提高工业制成品的加工技术、流通技术、实用技术和回收再生技术。完善城市地区的节能减排措施。

自动化、网络化，是智慧制造的发展方向。改变观念，摒弃大量生产、大量消费和大量废弃，鼓励创造产品个性化的环境，实现工业产品的个性化生产。

设想一下，如果将住宅作为一个工业品看待，通过网络，定制个性化的住宅，一切都在工厂制作，完成后搬运到指定的地点即可居住，该有多好。这样可以大量节约资源，减少垃圾，改善城市环境。

高效政府，有能力推进合同能源管理，节能低碳。

合同能源管理，是指节能服务公司根据合同，管理客户能源的一种方式，是值得推广的节能措施。

合同能源管理，包括用能状况诊断、能耗基准确定、节能措施、量化的节能目标、节能效益分享方式、测量和验证方案等，节能服务公司利用节能新技术，帮助高耗能企业进行节能降耗。

专业化的节能服务公司，为用户的节能项目进行投资或融资，提供能源效率审计、监测、培训、运行管理等一条龙服务，与用户分享项目实施后产生的节能效益。

政府应该加强诚信管理，加强监管。从立法的层面上，明确合同能源管理合同的法律地位，规范节能服务公司的运行。

高效政府，有能力划定生态红线，完善生态补偿机制。

强化环境质量、污染排放和资源效率等指标考核体系，推进资源环境价格、环境税费和排污权交易等市场机制建

174

设，完善排污许可证制度，加大宣传教育力度，增强全民节约、环保和生态意识，鼓励引导全社会参与环境保护。

高效政府，有能力引领健康生活，低碳生存。

民以食为先。生产食品的过程是消耗地球能源的过程，吃什么，是关系人类的低碳生存，大有学问。

政府应该鼓励在本地生产食品。自产自销，顺应天时地利，较少运输环节，是低碳生存的具体体现。

按季节食用时鲜蔬菜、水果等食品，身体随顺自然的节气，与环境相呼应，促进身体健康。

反季节食用外地食品，无论是口感味道，还是营养价值，都是不好的。运输过程中消耗大量的化石能，不利于低碳生存。

一方水土养一方人。久居一处，偶尔旅行，就可能会水土不服，容易生病。土生土长，就是这个道理。

食用土生土长的食品，经济上合算，健康有保证，节约大量化石能。这是一种敬天、顺地、环境调和的行动。

顺应环境者生存，违背环境者难行。

食肉或食素问题，一直有不同意见。从低碳生存的角度考虑，人类应该远离肉类食品。

肉类生产是一种高碳的转换过程。动物从植物摄取能量，仅有 10%左右用于生产食肉。另外 90%的能量，用于动物自身的生命活动。

就是说，获得一份肉类的能量，需要消费 9 倍的植物能量。食肉，很不低碳。

人类应当适量减少肉类的需求。否则，当人类人口数量达到 80 亿人时，世界粮食产量的需求会大量增加，相应的土地、水、能源的需求，以及环境容量，能否满足需要？

由此增加的化石能温室气体排放，以及牲畜饲养带来的温室气体排放，地球的气候变化能否会停留在允许的范围？都是一个很大的问号。

人类应该少吃一些肉食。大量食肉不利于环境安全，但也没有必要提倡素食主义。

高效政府，有能力遏制部分人群的奢侈消费欲望，合理消费，低碳生存。

　　奢侈消费观念是环境问题的根源。适时、适量、适度地合理消费，用较少的资源数量，获得较大的生存效益，需要政府引领。

　　倡导从身边小事做起。一滴水、一度电，举手之劳，细小入微。摒弃非生活必需的奢侈消费。挥霍珍贵原料、稀缺资源，应该受到社会的鄙视和政策的限制。

　　提倡节约粮食。

　　粮食生产消耗能源。生产所需的化肥、农药、机械，均来自化石能。

　　粮食生产污染环境。化石能的排泄物质，无论是废气、废水或废渣，直接进入环境，危害环境安全。

　　粮食来之不易。"锄禾日当午，汗滴禾下土。谁知盘中餐，粒粒皆辛苦"。人人皆知的诗句，其内涵不能忘记。

　　浪费粮食可耻。大吃大喝，浪费粮食。不是刺激消费，不是发展经济，而是一种犯罪行为，应该彻底摒弃。

　　提倡节约用水。

　　淡水资源有限。把纯净的水留给下一代，是人类的责任和义务，保护水是人类神圣的使命，政府要积极引领。

树立节水意识。淡水不是取之不尽、用之不竭的资源。不知道珍惜，结果会危害人类生存。

提倡节约用能。

人类生存离不开能源。化石能是破坏环境安全的元凶。人类应该节约用能。

政府在节能领域大有可为。加强用能管理，推广技术可靠、经济可行、环境友好、社会接受度高的节能方法，优化能源结构，节约化石能。

调高空调夏季设定温度、调低冬季设定温度、经常清洗空调机的过滤装置，调整电冰箱温度、清除电冰箱结霜，清除过滤袋中的灰尘，提高吸尘效率，等等，举手之劳都有助于节约能源、低碳生存。

3. 桐欣模式

世界上有 200 多个国家，价值观和信仰均有所不同。但是，地球只有一个，全人类的生存环境相连。一个国家、一个地区出现环境污染，必定影响相邻区域，甚至影响地球范围的环境安全。

低碳生存是全人类的事情，需要全人类共同行动。

当今，世界各国、不同人群的"低碳生存指数"不同，影响人类生存平等，不利于全人类低碳生存。

一些人群的人均资源消费，大大高出其他人群。不同国家、不同地区，人均消费碳排放量不同，意味着这些国家和地区的资源消耗量不同，对环境污染的贡献度也不同。

对于人均消费碳排放量的概念，各国的主张也有所不同。一些发达国家提出"碳排放生产者责任"理念，强调以人均碳排放为基准，计算生产属地的人均碳排放。

对此，笔者提出"碳排放消费者责任"理念，考虑国际货物流动所产生的碳排放移动，以属地实际消费碳排放为基准，计算人均消费碳排放量。并把人均消费碳排放量的倒数，定义为"低碳生存指数"。

低碳生存指数，不仅反映生产者的人均资源使用量，更全面地反映消费者的实际消费量，有利于人类生存权平等。

人类的生存权应该是平等的。部分人群高消费资源，又不承担碳排放责任。甚至，限制另一部分人群正常生存权，这是不公平，更是虚伪的。

谁消费，谁负责，垃圾自理。

低碳生存指数，明确排碳产品的消费者承担资源消费的责任，有利于限制高消费，有利于全人类低碳生存。

选取不同国家的代表性城市，纽约、东京、伦敦、上海为采样样本，笔者的中国科学院团队进行了各城市的"低碳生存指数"研究计算。

计算结果表明，上海的人均消费碳排放最低。纽约为上海的2.2倍，伦敦为上海的1.8倍，东京为上海的1.6倍。

也就是说，纽约的低碳生存指数最低，上海的低碳生存指数最高。

这里要强调指出，一些国家主张的人均碳排放量低就是低碳生存方式的理论，是不负责任和虚伪的。

某些发达国家所标榜的低碳生存方式，不是真正意义上的低碳生存，而是建立在国际贸易基础上，以牺牲别国资源和环境为代价的自私行为。

低碳生存，是全人类的责任。发达国家应该改变高消费观念，自产自销一些高碳产品，运用自身掌握的低碳技术使高碳产品低碳化，切实履行地球范围内的碳减排责任。

全人类都应该遵循"消费者责任"理念，用低碳生存指标约束自身行为，认同低碳理念，实践低碳生存。

全人类共同秉持低碳生存理念，才有可能保护地球环境安全，维持人类生存。

发达国家应该清醒，如果不发达国家的人群，按照发达国家的标准生存，人类对地球环境产生的负面影响将扩大10倍。地球将无法支撑80亿奢侈消费的人类。

发达国家应该明白，不可能独自保持其现有的生产方式。不发达国家的崛起，有可能在耗尽自己国家资源以外，消耗发达国家的资源，还有环境容量。

那时，地球资源争夺会更加激烈，人类就可能战争不断。地球环境容量到达极限，环境严重污染，发达国家的人群也会受到影响。

地球环境危机，影响全人类的生存。

现在，世界各国人群的低碳生存理念不同、措施不同，结果是低碳生存指数也不同。人类应该形成低碳共识，共同推进人类低碳生存。

再三强调，人类只有一个地球。如今，地球环境不堪重负。作为环境的一员，人类不能仅仅担忧和抱怨，而应该加紧行动，像爱护眼睛一样爱护生存环境。

为了孩子，为了明天，全人类应该共同低碳生存，共同保护环境安全。

低碳生存是一个庞大的、系统性的工程。加强国际合作，促进人类交流，共同实践低碳生存，有利于保护环境安全。

共同行动，需要理念认同。统一理念，需要思想沟通。思想沟通，离不开人类的交往交流。

历史上，人类经常不断地进行着交流和沟通，不同人群、不同民族也在不断地文化交融。

只是，人类交流的方式有所不同。

战争是一种人类交流方式。暴力、侵略，虽然增加了人类交流的机会，增强了人类的相互文化认同，但是，其过程残忍，极大地破坏环境，威胁人类生存。

互相学习是人类交流的一种方式。通过商业、文化、贸易、教育的交往交流，相互学习，互相渗透，增强相互了解和认同。

国际留学是后者交流方式的典范。

留学是不同民族之间的文化交流。人生有一次异国学习的经历，有利于了解不同地域、不同民族的文化内涵；有一段在外国学习和生活的经历，有利于加深对本国、本民族文化的认同。

留学是高级动物的思想杂交行动，有利于产生优良品种，产生巨大的社会效应。不同人群的友好交流，容易形成高质量的友好型国际社会。

在熟知自身传统文化、传承发扬其中精粹的基础上，融入他国文化，可能产生新的更为强大的生存文化。

统一理念、文化杂交，是各国留学生的使命。加强国际交流，实现全人类低碳生存，应该从帮助留学生、支持留学事业开始。

留学生是社会变革的产物，留学生又是推进社会变革的重要力量。

两千多年以前，随着印度佛教传入，中国有一些高僧前往印度研习佛学经典，开创了中国留学的先河。

近代世界的政治、经济、思想文化等，方方面面的变革，都离不开各国留学生的积极参与。

在中国，一百多年前，容闳等 3 人在美国传教士的帮助下前往美国留学。1872 年，容闳带领 120 名幼童往美国留学。这批留学生，后来为中国认识世界，以及世界理解中国，起到了极大的奠基作用。

20 世纪初，以留学日本为主的中国留学生，推翻了延续千年的封建王朝，建立民国政府。后来，新中国政府的建立，离不开一大批留美、留法、留苏的中国学生的积极努力、毕生奉献。

1978 年后，每年有几十万中国学生出国留学，也有数量相当的各国学生来中国留学。他们为中国的改革开放、经济腾飞，为加强中国与世界各国的沟通，发挥重要作用。

帮助留学生、支持留学事业，是全人类共同低碳生存的捷径，高效政府和社会各界义不容辞。

出国留学，看看世界，多学东西，扩大视野，是国际互相了解、交流的桥梁。有利于教育、经济、文化、贸易的深度交流，有助于相互寻求发展空间。

同时，来华留学，加深相互了解，促进文化沟通，有利于建设和谐世界，有益于全人类低碳生存。

留学生往来于国内和国外，在一定程度上促进了本国的科学文化与世界的同步和融合。

现在，留学生与中国社会文化的联系，比以往任何时期都更加紧密。留学生在中国社会进步中的作用，比以往任何时期都更加突出。

留学生带领中国的融入世界，引领世界了解中国。留学生为全人类的低碳理念认同，已经或正在做出贡献。

政府应该制定政策、完善体制、优化环境，支持留学生发展。为留学生创办企业，提供优惠的政策支持、良好的生活保障和优良的服务环境。构建以企业为主体、市场为导向、产学研相结合的留学生创新创业体系，为留学生服务。

社会各界应该积极参与服务留学生的工作。从不同层面，为留学生回国创业提供个性化、全方位的服务，营造留学生回国创业的良好氛围。为中国青年出国留学、回国创业创新牵线搭桥，提供周到服务。

帮助留学生、支持留学事业，中国留学生博物馆正在进行有益探索，其经验值得借鉴。

中国留学生博物馆是由部分归国留学生创建的，以弘扬中华民族精神、保存留学历史记忆、展示求知报国志向为己任，以服务中国留学生为宗旨的社会团体，承担中国留学生的家庙功能。

中国留学生博物馆既具备一般性博物馆的收藏、展示、研究、学习的功能，又具备"留学生之家"的温馨；既为中国留学生开拓一个了解自己群体历史、寻根报恩的渠道，又为他们搭建了一个出国学习、回国服务的平台。

中国留学生博物馆创新服务理念，完善服务体系，逐渐形成"桐欣模式"，为留学生提供"家"的服务。

桐欣模式，是在政府的指导下，归国留学生自己组建留学生社会组织，其骨干专职专责为留学生提供服务，引导和支持留学生创业创新发展，帮助他们成就事业、报效国家。

桐欣模式，通过搭建上海留学生之家、上海留学生论坛和上海留学生创新基地等多个服务平台，为中国留学生提供寻根报恩、留学创业和天下归心的综合服务，助推留学生实现人生梦想。

上海留学生之家以"寻根报恩中国人"为宗旨，通过上海高层次人才沙龙、海派文化沙龙、海归企业家沙龙和海归科学家沙龙等沙龙活动，为归国留学生们创造"家"的温馨氛围，为海内外中国留学生提供寻根报恩的家庙服务。

上海留学生论坛以"天下归心中国龙"为宗旨，是一个由中国留学生以及关心中国留学事业、支持中国留学生回国发展的各界人士积极参与，为中国留学生提供综合服务的高层次人才交流平台。

上海留学生论坛帮助中国留学生在海外努力学习，早日归国，实现个人成功梦想；帮助中国留学生报恩故里，弘扬中华文化，为实现中华民族伟大复兴中国梦贡献力量。

上海留学生创新基地以"留学创业中国梦"为宗旨，集"促进创业发展、帮助出国留学、搭建交流平台"等多功能于一体，是一个帮助回国留学生创业发展、创新进取的服务基地。基地建设围绕低碳做文章，为留学生提供创新服务。

创建一只专职专责为留学生提供服务的团队，是桐欣模式的核心。中国留学生博物馆有一批工作能力强、具有公益心、热心服务留学生的团队骨干。

他们大多放弃原来工作单位的优厚待遇，全身心投入为留学生服务工作之中。

他们经常举办留学生考察国情的参观视察活动，为留学生了解祖国、融入社会提供帮助。

全方位构建留学生的沟通联络渠道，为留学生学成归国提供政策咨询、实习指导，提供创业创新的投资服务。

出版《桐欣里》刊物，宣传中华文化，强调留学生社会组织在中外文化交流中所发挥的作用，为准备出国留学的学生们提供留学指导。

组建留学生志愿者服务队，积极参与 2010 上海世博会的接待工作，受到社会各界好评。

组织留学生开展社会公益活动，帮助留学生实现回馈社会、报效国家的梦想。在中国汶川地震后，组织留学生捐款奉献，支援灾后重建工作，受到社会称赞。

他们专职专责，无私奉献，把"为留学生服务"当作自己的毕生事业，逐渐成为留学生们的贴心人和服务员，受到留学生们的欢迎。

桐欣模式，通过帮助留学生积极参加国家建设，报效故里，搭建留学生与地方政府的沟通平台，为地方的经济、文化、社会发展贡献力量。

在政府的指导下，与有关部门密切合作，通过创建上海留学生创新基地，聚集一大批留学生回国创业创新，服务社会，协助政府做好留学生工作。

创新基地旨在为留学生提供孵化、发展的公共平台服务，吸引海内外高层次人才和文化创意、高科技研发、培训服务、国际交流的创新性企业入驻，为地方经济的转型发展做出贡献。

创新基地支持留学生用好政府的吸引境外优秀留学人才回国工作、创业的优惠政策和制度创新，支持留学生联谊、联动、联合，为留学人才回国发展施展才华提供空间。

创新基地为在此创业发展的留学生，提供一定期限的免费研发、办公和住宿空间，帮助他们进行国外学历学位认证、科研启动基金申请以及回国投资咨询、留学生回国创业指导等多领域服务。

同时，配合政府借助创新基地的公共服务平台，为在基地内注册的留学生企业提供优惠政策，扶持他们快速发展，为促进经济转型发展和文化繁荣做出贡献。

目前，中国留学生博物馆的"桐欣模式"正在发挥积极作用，受到社会的广泛好评。

只有全人类共同低碳生存，才能保护人类的生存环境安全。国际合作，共同行动，离不开留学生的参与。

留学生是加强国际合作、促进世界各国环境理念认同的有效载体。帮助留学生、支持留学事业，是人类实践低碳生存的重要内涵。

20 世纪，留学生改变了中国。

21 世纪，留学生必将在世界范围推动低碳理念认同，引领人类共同践行低碳生存，保护环境安全。